工业机器人技术专业"十三五"规划教材

工业机器人应用人才培养指定用书

工业机器人
入门实用教程

（配天机器人）

张明文　索利洋　主编 ◆

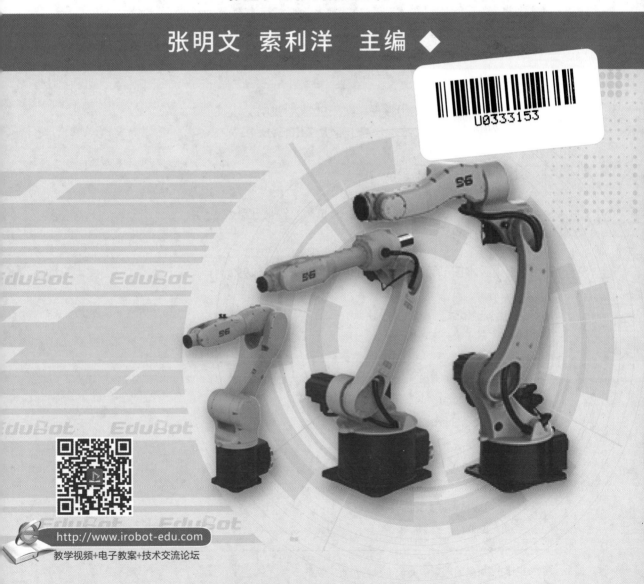

http://www.irobot-edu.com

教学视频+电子教案+技术交流论坛

哈尔滨工业大学出版社

HITP　HARBIN INSTITUTE OF TECHNOLOGY PRESS

内 容 简 介

本书基于配天工业机器人，从机器人应用过程中需掌握的技能出发，由浅入深、循序渐进地介绍了配天机器人的入门实用知识；从安全操作注意事项切入，配合丰富的实物图片，系统地介绍了配天工业机器人首次拆箱安装、示教器和机器人示教、手动操纵机器人、工具及工件坐标系的定义及建立、I/O 及配置、指令与编程、异常事件等实用内容。本书基于具体案例讲解了机器人系统的编程、调试、自动生产的过程。通过学习本书，读者对工业机器人的实际使用会有一个全面清晰的认识。

本书图文并茂，通俗易懂，具有很强的实用性和可操作性，既可作为高等院校和中高职院校工业机器人相关专业的教材，又可作为工业机器人培训机构用书，同时可供相关行业的技术人员参考。

本书有丰富的配套教学资源，凡使用本书作为教材的教师可咨询相关机器人实训装备，也可通过书末附页介绍的方法索取相关数字教学资源。咨询邮箱:edubot_zhang@126.com。

图书在版编目（CIP）数据

工业机器人入门实用教程：配天机器人/张明文，索利洋主编. —哈尔滨：哈尔滨工业大学出版社，2020.5

ISBN 978-7-5603-8769-7

Ⅰ. ①工… Ⅱ. ①张… ②索… Ⅲ. ①工业机器人-教材 Ⅳ. ①TP242.2

中国版本图书馆 CIP 数据核字（2020）第 062992 号

策划编辑 王桂芝 张 荣

责任编辑 张 荣 陈雪巍

出版发行 哈尔滨工业大学出版社

社 址 哈尔滨市南岗区复华四道街 10 号 邮编 150006

传 真 0451-86414749

网 址 http://hitpress.hit.edu.cn

印 刷 哈尔滨市石桥印务有限公司

开 本 787mm×1092mm 1/16 印张 11.75 字数 300 千字

版 次 2020 年 5 月第 1 版 2020 年 5 月第 1 次印刷

书 号 ISBN 978-7-5603-8769-7

定 价 38.00 元

工业机器人技术专业"十三五"规划教材

工业机器人应用人才培养指定用书

编 审 委 员 会

序　一

　　现阶段，我国制造业面临资源短缺、劳动成本上升、人口红利减少等压力，而工业机器人的应用与推广，将极大地提高生产效率和产品质量，降低生产成本和资源消耗，有效地提高我国工业制造竞争力。我国《机器人产业发展规划（2016—2020）》强调，机器人是先进制造业的关键支撑装备和未来生活方式的重要切入点。广泛采用工业机器人，对促进我国先进制造业的崛起，有着十分重要的意义。"机器换人，人用机器"的新型制造方式有效推进了工业转型升级。

　　工业机器人作为集众多先进技术于一体的现代制造业装备，自诞生至今已经取得了长足进步。当前，新科技革命和产业变革正在兴起，全球工业竞争格局面临重塑，世界各国紧抓历史机遇，纷纷出台了一系列国家战略：美国的"再工业化"战略、德国的"工业4.0"计划、欧盟的"2020增长战略"，以及我国推出的"中国制造2025"战略。这些国家都以先进制造业为重点战略，并将机器人作为智能制造的核心发展方向。伴随机器人技术的快速发展，工业机器人已成为柔性制造系统（FMS）、自动化工厂（FA）、计算机集成制造系统（CIMS）等先进制造业的关键支撑装备。

　　随着工业化和信息化的快速推进，我国工业机器人市场已进入高速发展时期。国际机器人联合会（IFR）统计显示，截至2016年，中国已成为全球最大的工业机器人市场。未来几年，中国工业机器人市场仍将保持高速的增长态势。然而，现阶段我国机器人技术人才匮乏，与巨大的市场需求严重不协调。《中国制造2025》强调要健全、完善中国制造业人才培养体系，为推动中国制造业从大国向强国转变提供人才保障。从国家战略层面而言，推进智能制造的产业化发展，工业机器人技术人才的培养首当其冲。

　　目前，结合《中国制造2025》的全面实施和国家职业教育改革，许多应用型本科、职业院校和技工院校纷纷开设工业机器人相关专业，但其作为一门专业知识面很广的实用型学科，普遍存在师资力量缺乏、配套教材资源不完善、工业机器人实训装备不系统、技能考核体系不完善等问题，导致无法培养出企业需要的专业机器人技术人才，严重制约了我国机器人技术的推广和智能制造业的发展。江苏哈工海渡工业机器人有限公司依托哈尔滨工业大学在机器人方向的研究实力，顺应形势需要，产、学、研、用相结合，组织企业专家和一线科研人员开展了一系列企业调研，面向企业需求，联合高校教师共同编写了"工业机器人技术专业'十三五'规划教材"系列图书。

该系列图书具有以下特点：

（1）循序渐进，系统性强。该系列图书从工业机器人的入门实用、技术基础、实训指导，到工业机器人的编程与高级应用，由浅入深，有助于系统学习工业机器人技术。

（2）配套资源，丰富多样。该系列图书配有相应的电子课件、视频等教学资源，以及配套的工业机器人教学装备，构建了立体化的工业机器人教学体系。

（3）通俗易懂，实用性强。该系列图书言简意赅，图文并茂，既可用于应用型本科、职业院校和技工院校的工业机器人应用型人才培养，也可供从事工业机器人操作、编程、运行、维护与管理等工作的技术人员参考学习。

（4）覆盖面广，应用广泛。该系列图书介绍了国内外主流品牌机器人的编程、应用等相关内容，顺应国内机器人产业人才发展需要，符合制造业人才发展规划。

"工业机器人技术专业'十三五'规划教材"系列图书结合实际应用，教、学、用有机结合，有助于读者系统学习工业机器人技术和强化、提高实践能力。该系列图书的出版发行，必将提高我国工业机器人专业的教学效果，全面促进"中国制造2025"国家战略下我国工业机器人技术人才的培养和发展，大力推进我国智能制造产业变革。

中国工程院院士　蔡鹤皋

2017 年 6 月于哈尔滨工业大学

序　二

自出现至今短短几十年中，机器人技术的发展取得了长足进步，伴随着产业变革的兴起和全球工业竞争格局的全面重塑，机器人产业发展越来越受到世界各国的高度关注，各主要经济体纷纷将发展机器人产业上升为国家战略，提出"以先进制造业为重点战略，以'机器人'为核心发展方向"，并将此作为保持和重获制造业竞争优势的重要手段。

作为人类在利用机械进行社会生产史上的一个重要里程碑，工业机器人是目前技术发展最成熟且应用最广泛的一类机器人。工业机器人现已广泛应用于汽车及零部件制造，电子、机械加工，模具生产等行业以实现自动化生产线，并参与焊接、装配、搬运、打磨、抛光、注塑等生产制造过程。工业机器人的应用，既保证了产品质量，提高了生产效率，又避免了大量工伤事故，有效推动了企业和社会生产力发展。作为先进制造业的关键支撑装备，工业机器人影响着人类生活和经济发展的方方面面，已成为衡量一个国家科技创新和高端制造业水平的重要标志。

伴随着工业大国相继提出机器人产业政策，如德国的"工业4.0"、美国的"先进制造伙伴计划"与"中国制造2025"等国家政策，工业机器人产业迎来了快速发展态势。当前，随着劳动力成本上涨、人口红利逐渐消失，生产方式向柔性化、智能化、精细化方向转变，中国制造业转型升级迫在眉睫。全球新一轮科技革命和产业变革与中国制造业转型升级形成历史性交汇，中国已经成为全球最大的机器人市场。大力发展工业机器人产业，对于打造我国制造业新优势、推动工业转型升级、加快制造强国建设、改善人民生活水平具有深远意义。

我国工业机器人产业迎来爆发性的发展机遇，然而，现阶段我国工业机器人领域人才储备数量严重不足。对企业而言，从工业机器人的基础操作维护人员到高端技术人才普遍存在巨大缺口，缺乏经过系统培训且能熟练、安全应用工业机器人的专业人才。现代工业是立国的基础，需要有与时俱进的职业教育和人才培养配套资源。

"工业机器人技术专业'十三五'规划教材"系列图书由江苏哈工海渡工业机器人有限公司联合众多高校和企业共同编写完成。该系列图书依托于哈尔滨工业大学的先进机器人研究技术，综合企业实际用人需求，充分贯彻了现代应用型人才培养"淡化理论，技能培养，重在运用"的指导思想。该系列图书既可作为应用型本科、中高职院校工业机器人技术或机器人工程专业的教材，也可作为机电一体化、自动化专业开设工业机器人相关课程的教学用书。该系列图书涵盖了国际主流品牌和国内主要品牌机器人的入门实用、实训指导、技术基础、高级编程等系列教材，注重循序渐进与系统学习，强化学生的工业机器人专业技术能力和实践操作能力。

　　该系列教材"立足工业，面向教育"，填补了我国在工业机器人基础应用及高级应用系列教材中的空白，有助于推进我国工业机器人技术人才的培养和发展，助力中国智造。

中国科学院院士　韩杰才

2017 年 6 月

前　言

　　机器人是先进制造业的重要支撑装备，也是未来智能制造业的关键切入点，工业机器人作为机器人家族中的重要一员，是目前技术最成熟、应用最广泛的一类机器人。工业机器人的研发和产业化应用是衡量科技创新和高端制造发展水平的重要标志。发达国家已经把工业机器人产业发展作为抢占未来制造业市场、提升竞争力的重要途径。在汽车工业、电子电器行业、工程机械等众多行业大量使用工业机器人自动化生产线，在保证产品质量的同时，改善了工作环境，提高了社会生产效率，有力推动了企业和社会生产力发展。

　　当前，随着我国劳动力成本上涨，人口红利逐渐消失，生产方式向柔性、智能、精细转变，构建新型智能制造体系迫在眉睫，对工业机器人的需求呈现大幅增长。大力发展工业机器人产业，对于打造我国制造业新优势，推动工业转型升级，加快制造强国建设，改善人民生活水平具有深远意义。《中国制造2025》将机器人作为重点发展领域的总体部署，使机器人产业已经上升到国家战略层面。

　　在全球范围内的制造产业战略转型期，我国工业机器人产业迎来爆发性的发展机遇。然而，现阶段我国工业机器人领域人才供需失衡，缺乏经系统培训的、能熟练安全使用和维护工业机器人的专业人才。国务院《关于推行终身职业技能培训制度的意见》指出：职业教育要适应产业转型升级需要，着力加强高技能人才培养；全面提升职业技能培训基础能力，加强职业技能培训教学资源建设和基础平台建设。2019年4月，人力资源社会保障部、市场监管总局、统计局正式发布与工业机器人相关的2个新职业：工业机器人系统操作员和工业机器人系统运维员。针对这一现状，为了更好地推广工业机器人技术的应用和满足工业机器人新职业人才的需求，亟需编写一本系统全面的工业机器人入门实用教材。

　　本书以配天机器人为主，结合工业机器人仿真系统和合肥哈工海渡工业机器人有限公司的工业机器人技能考核实训台，遵循"由简入繁，软硬结合，循序渐进"的编写原则，依据初学者的学习需要科学设置知识点，结合实训台典型实例进行讲解，倡导实用性教学，有助于激发学习兴趣，提高教学效率，便于初学者在短时间内全面、系统地了解工业机器人操作的常识。

　　本书图文并茂，通俗易懂，实用性强，既可以作为普通高校及中高职院校机电一体化、电气自动化及机器人等相关专业的教学和实训教材，以及工业机器人培训机构培训教材，也可以作为配天机器人入门培训的初级教程，供从事相关行业的技术人员作为参考。

　　机器人技术专业具有知识面广、实操性强等显著特点。为了提高教学效果，在教学方法上建议采用启发式教学和开放性学习，重视实操演练和小组讨论；在学习过程中，建议结合本书配套的教学辅助资源，如机器人仿真软件、六轴机器人实训台、教学课件及视频素材、教学参考与拓展资料等。以上资源可通过书末所附"教学资源获取单"咨询获取。

　　本书由哈工海渡职业培训学校的张明文和配天机器人技术有限公司的索利洋主编，顾三鸿和喻杰任副主编，参加编写的还有郑宇琛、杨浩成、章平、高世波等。全书由王伟和霰学会主审。全书由顾三鸿和喻杰统稿，具体编写分工如下：顾三鸿编写第1章；高世波编写第2章；喻杰编写第3章；杨浩成编写第4章和第5章；章平编写第6章和第7章；郑宇琛编写第8~10章。本书编写过程中，得到了哈工大机器人集团、江苏哈工海渡教育科技集团有限公司和配天机器人技术有限公司的有关领导、工程技术人员，以及哈尔滨工业大学相关教师的鼎力支持与帮助，在此表示衷心的感谢！

　　限于编者水平，书中难免存在疏漏及不足之处，敬请读者批评指正。任何意见和建议可反馈至E-mail:edubot_zhang@126.com。

编　者

2020年1月

目　　录

第 1 章 工业机器人概述

1.1 工业机器人行业概况

当前，新科技革命和产业变革正在兴起，全球制造业正处于巨大的变革之中，《中国制造 2025》《机器人产业发展规划（2016—2020 年）》《智能制造发展规划（2016—2020 年）》等强国战略规划，引导着中国制造业向着智能制造的方向发展。《中国制造 2025》提出了大力推进重点领域突破发展，而机

❋ 工业机器人行业概况

器人作为十大重点领域之一，其产业已经上升到国家战略层面。工业机器人作为智能制造领域最具代表性的产品，"快速成长"和"进口替代"是现阶段我国工业机器人产业最重要的两个特征。我国正处于制造业升级的重要时间窗口，智能化改造需求空间巨大且增长迅速，工业机器人行业迎来重要发展机遇。

根据国际机器人联合会（IFR）和中国机器人产业联盟（CRIA）统计，2018 年中国工业机器人市场累计销售工业机器人 15.6 万台，同比下降 1.73%，市场销量首次出现同比下降。其中，自主品牌机器人销售 4.36 万台，同比增长 16.2%；外资机器人销售 11.3 万台，同比下降 7.2%。截止到 2018 年 10 月底，全国机器人企业的总数为 8 399 家。

中国机器人密度的发展在全球也最具活力。由于机器人设备的大幅增加，特别是 2013 年至 2018 年间，我国机器人密度从 2013 年的 25 台/万人增加至 2018 年的 140 台/万人，位居世界第 20 名，高于全球平均水平，如图 1.1 所示。

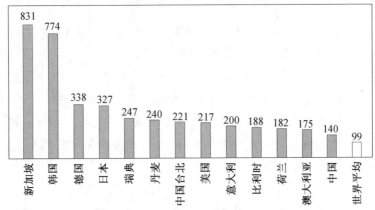

图 1.1 2018 年全球机器人密度（单位：台/万人）

（数据来源：国际机器人联合会 IFR）

据 CRIA 统计，从应用行业看，电气电子设备和器材制造连续第三年成为中国工业机器人市场的首要应用行业，2018 年在这两个行业销售工业机器人 4.6 万台，同比下降 6.6%，占中国市场总销量的 29.8%；汽车制造业仍然是十分重要的应用行业，2018 年新增 4 万余台工业机器人，销量同比下降 8.1%，在中国市场总销量的比重回落至 25.5%。此外金属加工业（含机械设备制造业）工业机器人购置量同比明显下降 23.4%，而应用于食品制造业的工业机器人销量增长 33.1%。

从应用领域看，搬运和上下料依然是中国工业机器人市场的首要应用领域，2018 年在这两个领域销售工业机器人 6.4 万台，同比增长 1.55%，在总销量中的比重与 2017 年持平，其中自主品牌销量增长 5.7%。焊接与钎焊机器人销售接近 4 万台，同比增长 12.5%，其中自主品牌销量实现 20% 的增长。装配及拆卸机器人销售 2.3 万台，同比下降 17.2%。总体而言，搬运与焊接依然是工业机器人的主要应用领域，自主品牌机器人在搬运、焊接加工、装配、涂层等应用领域的市场占有率均有所提升。

从机械结构看，2018 年多关节机器人在中国市场中的销量位居各类型机器人销量的首位，全年销售 9.72 万台，同比增长 6.53%。其中，自主品牌多关节机器人销售保持稳定的增长态势，销量连续两年位居各机型之首，全年累计销售 1.88 万台，同比增长 18.1%；自主品牌多关节机器人市场占有率为 19.4%，较上年提高了 1.9%。SCARA 机器人销售 3.3 万台，实现了 52% 的较高增速，其中自主品牌机器人销售增长 63.9%。坐标机器人销售总量不足 2 万台，同比下降 17%，其中自主品牌坐标机器人销售同比增长 4.7%。并联机器人在上年低基数的基础上实现增长。

国内机器人产业所表现出来的爆发性发展态势带来对工业机器人行业人才的大量需求，而行业人才严重的供需失衡又大大制约着国内机器人产业的发展，培养工业机器人行业业人才迫在眉睫。工业机器人行业的多品牌竞争局面，迫使学习者需要根据行业特点和市场需求，合理选择学习和使用某品牌的工业机器人，从而提高自身职业技能和个人竞争力。

1.2　工业机器人定义和特点

工业机器人虽然是技术上最成熟、应用最广泛的机器人，但对其具体的定义，科学界尚未统一，目前公认的是国际标准化组织（ISO）的定义。

国际标准化组织的定义为："工业机器人是一种能自动控制、可重复编程、多功能、多自由度的操作机，能够搬运材料、工件或者操持工具来完成各种作业。"

我国国家标准将工业机器人定义为："自动控制的、可重复编程、多用途的操作机，可对三个或三个以上的轴进行编程。它可以是固定式或移动式。在工业自动化中使用。"

工业机器人最显著的特点有：

> **拟人化**：在机械结构上类似于人的手臂或者其他组织结构。
> **通用性**：可执行不同的作业任务，动作程序可按需求改变。
> **独立性**：完整的机器人系统在工作中可以不依赖于人的干预。

➢ **智能性**：具有不同程度的智能功能，如感知系统、记忆系统等，提高了工业机器人对周围环境的自适应能力。

1.3 工业机器人构型

按照结构运动形式的不同，工业机器人主要有 5 种构型：直角坐标机器人、柱面坐标机器人、球面坐标机器人、多关节型机器人和并联机器人。

※ 工业机器人构型

1. 直角坐标机器人

直角坐标机器人在空间上具有多个相互垂直的移动轴，常用的是 3 个轴，即 X、Y、Z 轴，如图 1.2 所示。其末端的空间位置是通过沿 X、Y、Z 轴来回移动形成的，是一个**长方体**。

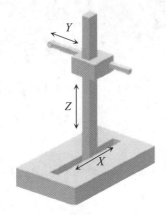

（a）示意图　　　　　　　（b）哈工海渡-直角坐标机器人

图 1.2　直角坐标机器人

2. 柱面坐标机器人

柱面坐标机器人的运动空间位置是由基座回转、水平移动和竖直移动形成的，其作业空间呈**圆柱体**，如图 1.3 所示。

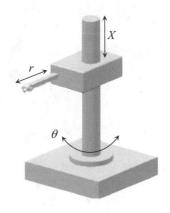
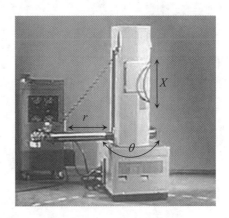

（a）示意图　　　　　　　（b）Versatran-柱面坐标机器人

图 1.3　柱面坐标机器人

3. 球面坐标机器人

球面坐标机器人的空间位置机构主要由回转基座、摆动轴和平移轴构成，具有 2 个转动自由度和 1 个移动自由度，其作业空间是**球面的一部分**，如图 1.4 所示。

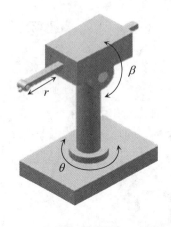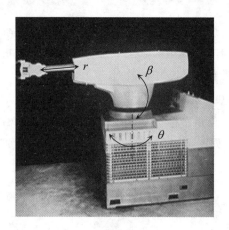

（a）示意图　　　　　　　　　　（b）Unimate–球面坐标机器人

图 1.4　球面坐标机器人

4. 多关节型机器人

多关节型机器人由多个回转和摆动（或移动）机构组成，按旋转方向可分为**水平多关节机器人**和**垂直多关节机器人**。

➤ **水平多关节机器人**：是由多个竖直回转机构构成的，没有摆动或平移机构，手臂均在水平面内转动，其作业空间为**圆柱体**，如图 1.5 所示。

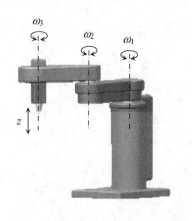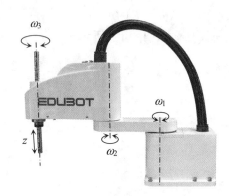

（a）示意图　　　　　　　　　　（b）哈工海渡–水平多关节机器人

图 1.5　水平多关节机器人

➤ **垂直多关节机器人**：是由多个摆动和回转机构组成的，其作业空间近似一个球体，如图 1.6 所示。

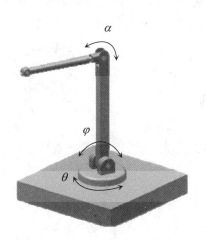 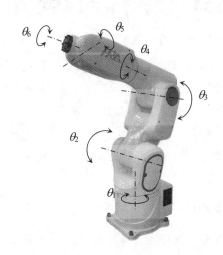

（a）示意图　　　　　　　　　　（b）哈工海渡-PUMA 560 垂直多关节机器人

图 1.6　垂直多关节机器人

5. 并联机器人

并联机器人的基座和末端执行器之间通过至少两个独立的运动链相连接，机构是具有两个或两个以上自由度，且以并联方式驱动的一种闭环机构。工业应用最广泛的并联机器人是 DELTA 并联机器人，如图 1.7 所示。

相对于并联机器人而言，只有一条运动链的机器人称为**串联机器人**。

 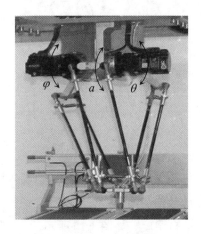

（a）示意图　　　　　　　　　　（b）哈工海渡-DELTA 并联机器人

图 1.7　DELTA 并联机器人

1.4　工业机器人主要技术参数

　　选用什么样的工业机器人，首先要了解机器人的主要技术参数，然后根据生产和工艺的实际要求，通过机器人的技术参数来选择机器人的机械结构、坐标形式和传动装置等。

　　机器人的技术参数反映了机器人的适用范围和工作性能，主要包括自由度、额定负载、工作空间、工作精度，其

※　工业机器人主要技术参数

他参数还有：工作速度、控制方式、驱动方式、安装方式、动力源容量、本体质量和环境参数等。

1. 自由度

　　自由度是指描述物体运动所需要的独立坐标数。

　　空间直角坐标系又称笛卡尔直角坐标系，它是以空间中一点 O 为原点，建立 3 条两两相互垂直的数轴，即 X 轴、Y 轴和 Z 轴。3 个轴的正方向符合右手规则，如图 1.8 所示，即右手大拇指指向 Z 轴正方向，食指指向 X 轴正方向，中指指向 Y 轴正方向。

　　在三维空间中描述一个物体的位姿（即位置和姿态）需要 6 个自由度，如图 1.9 所示，即沿空间直角坐标系 $OXYZ$ 的 X、Y、Z 3 个轴的平移运动 T_x、T_y、T_z 和绕空间直角坐标系 $OXYZ$ 的 X、Y、Z 3 个轴的旋转运动 R_x、R_y、R_z。

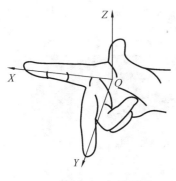

图 1.8　右手规则

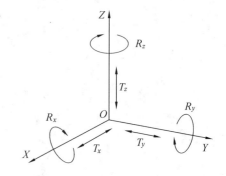

图 1.9　刚体的 6 个自由度

　　机器人的自由度是指工业机器人相对坐标系能够进行独立运动的数目，**不包括末端执行器的动作**，如焊接、喷涂等。通常，垂直多关节机器人以 6 自由度为主，SCARA 机器人为 4 自由度，如图 1.10 所示。

　　机器人的自由度反映机器人动作的灵活性，自由度越多，机器人就越能接近人手的动作机能，通用性越好；但是自由度越多，结构就越复杂，对机器人的整体要求就越高。因此，工业机器人的自由度是根据其用途进行设计的。

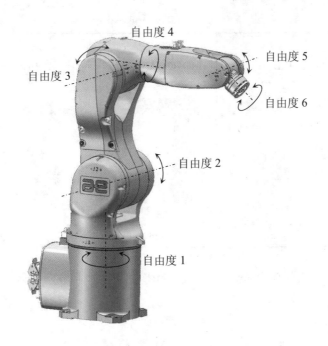

图 1.10 配天 AIR6 机器人的 6 个自由度

采用空间开链连杆机构的机器人，因每个关节运动副仅有一个自由度，所以机器人的自由度数就等于它的关节数。

2. 额定负载

额定负载也称**有效负荷**，是指正常作业条件下，工业机器人在规定性能范围内，手腕末端所能承受的最大载荷。

目前使用的工业机器人负载范围较大，通常为 0.5～2 300 kg，见表 1.1。

表 1.1 工业机器人的额定负载

型号	配天 AIR3	配天 AIR6	配天 AIR6L	配天 AIR20
实物图				
额定负载	3 kg	6 kg	6 kg	20 kg

续表 1.1

型号	ABB IRB120	YASKAWA MOTOMAN-GP7	KUKA KR16	FANUC M-200iA/2300
实物图	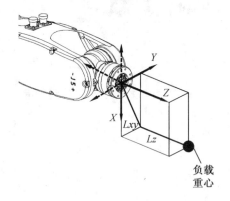			
额定负载	3 kg	7 kg	16 kg	2 300 kg

　　工业机器人的额定负载通常用载荷图表示，如图 1.11 所示。

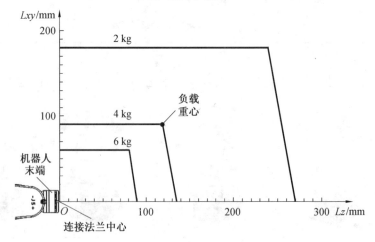

（a）空间示意图

（b）载荷曲线图

图 1.11　AIR6 机器人载荷图

在图 1.11 中，横轴 Lz（mm）表示负载重心与连接法兰中心的纵向距离，纵轴 Lxy（mm）表示负载重心在连接法兰所处平面上的投影与连接法兰中心的距离。图示中负载重心落在 4 kg 载荷线上，表示此时负载质量不能超过 4 kg。

3. 工作空间

工作空间又称**工作范围、工作行程**，是指工业机器人作业时，手腕参考中心（即手腕旋转中心）所能到达的空间区域，不包括手部本身所能达到的区域，常用图形表示，如图 1.12 所示。图 1.12 中 P 点为手腕参考中心，AIR6 机器人工作空间为 710 mm。

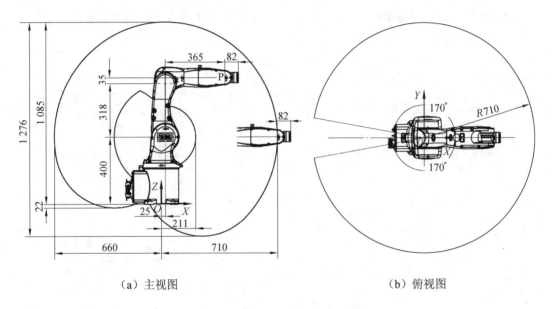

|（a）主视图|（b）俯视图|

图 1.12　配天 AIR6 机器人工作空间

多关节机器人的工作空间通常指的是**工作半径**，如图 1.12（a）所示。

而 AIR6 机器人绕 J1 轴可以回转-170°～ +170°，如图 1.12（b）所示，因此形成的工作空间是球体的一部分。

工作空间的形状和大小反映了机器人工作能力的大小，它不仅与机器人各连杆的尺寸有关，还与机器人的总体结构有关，工业机器人在作业时可能因存在手部不能到达的作业死区而不能完成规定任务。

由于末端执行器的形状和尺寸是多种多样的，为真实反映机器人的特征参数，**工作范围一般是指不安装末端执行器时，可以达到的区域**。

注意：在装上末端执行器后，需要同时保证工具姿态，实际的可达空间会和生产商给出的有差距，因此需要通过比例作图或模型核算，来判断是否满足实际需求。

4. 工作精度

工业机器人的工作精度包括**定位精度**和**重复定位精度**。

➤ 定位精度又称**绝对精度**，是指机器人的末端执行器实际到达位置与目标位置之间的差距。

➤ 重复定位精度简称**重复精度**，是指在相同的运动指令下，机器人重复定位其末端执行器于同一目标位置的能力，其以实际位置值的**分散程度**来表示。

实际上机器人重复执行运动至某位置的指令时，它每次走过的距离并不相同，都是在一平均值附近变化。该平均值代表精度，变化的幅值代表重复精度，如图 1.13 和图 1.14 所示。机器人具有绝对精度低、重复精度高的特点。常见工业机器人的重复定位精度见表 1.2。

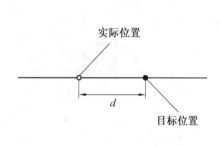

图 1.13 定位精度图

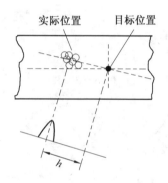

图 1.14 重复定位精度

表 1.2 常见工业机器人的重复定位精度

型号	ABB IRB120	FANUC LR Mate 200iD/4S	YASKAWA MH12	KUKA KR16	配天 AIR6
实物图					
重复定位精度	±0.01 mm	±0.02 mm	±0.08 mm	±0.05 mm	±0.02 mm

1.5   工业机器人应用

工业机器人可以替代人从事危险、有害、有毒、低温和高应热等恶劣环境中的工作；还可以替代人完成繁重、单调的重复劳动，提高劳动生产率，保证产品质量。工业机器人主要用于汽车、3C产品、医疗、食品、通用机械制造、金属加工、船舶等领域，用以完成搬运、焊接、喷涂、装配、码

❋ 工业机器人应用

垛和打磨等复杂作业。工业机器人与数控加工中心、自动引导车及自动检测系统相结合可组成柔性制造系统（FMS）和计算机集成制造系统（CIMS），实现生产自动化。

1. 搬运

搬运作业是指用一种设备握持工件，从一个加工位置移动到另一个加工位置。

搬运机器人可安装不同的末端执行器（如机械手爪、真空吸盘等）以完成各种不同形状和状态的工件搬运，大大减轻了人类繁重的体力劳动。通过编程控制，还可以配合各个工序的不同设备实现流水线作业。

搬运机器人广泛应用于机床上下料、自动装配流水线、码垛搬运、集装箱等自动搬运，如图1.15所示。

2. 焊接

目前工业领域应用最广的是机器人焊接，如工程机械、汽车制造、电力建设等领域的焊接作业，焊接机器人能在恶劣的环境下连续工作并能提供稳定的焊接质量，提高工作效率，减轻工人的劳动强度。采用机器人焊接是焊接自动化的革命性进步，突破了焊接专机的传统方式（图1.16）。

图1.15   搬运机器人

图1.16   焊接机器人

3. 喷涂

喷涂机器人适用于生产量大、产品型号多、表面形状不规则的工件外表面涂装作业，广泛应用于汽车、汽车零配件、铁路、家电、建材和机械等行业，如图1.17所示。

4. 装配

装配是一个比较复杂的作业过程，不仅要检测装配过程中的误差，而且要试图纠正这种误差。装配机器人是柔性自动化系统的核心设备，末端执行器种类多，以适应不同的装配对象；传感系统用于获取装配机器人与环境和装配对象之间相互作用的信息。装配机器人主要应用于各种电器的制造业及流水线产品的组装作业，具有高效、精确、持续工作的特点，如图1.18所示。

　　　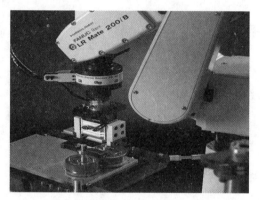

图1.17　喷涂机器人　　　　　　　　　图1.18　装配机器人

5. 码垛

码垛机器人是机电一体化高新技术产品，如图1.19所示，它可满足中低产量的生产需要，也可按照要求的编组方式和层数，完成对料袋、箱体等各种产品的码垛。

使用码垛机器人能提高企业的生产效率和产量，同时减少人工搬运造成的错误；还可以全天候作业，节约大量人力资源成本。码垛机器人广泛应用于化工、饮料、食品、啤酒和塑料等生产企业。

6. 涂胶

涂胶机器人一般由机器人本体和专用涂胶设备组成，如图1.20所示。

涂胶机器人既能独立实施半自动涂胶，又能配合专用生产线实现全自动涂胶，具有设备柔性高、做工精细、质量好、适用能力强等特点，可以完成复杂的三维立体空间的涂胶工作。涂胶机器人的工作台可安装激光传感器进行精密定位，以提高产品生产质量，同时使用光栅传感器确保工人生产安全。

图 1.19　码垛机器人

图 1.20　涂胶机器人

7. 打磨

打磨机器人是指可进行自动打磨的工业机器人，主要用于工件的表面打磨、棱角去毛刺、焊缝打磨、内腔内孔去毛刺、孔口螺纹口加工等工作，如图 1.21 所示。

打磨机器人广泛应用于 3C、卫浴五金、IT、汽车零部件、工业零件、医疗器械、木材、建材、家具制造、民用产品等行业。

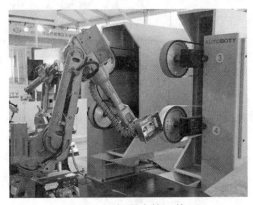

（a）机器人持工件

（b）机器人持工具

图 1.21　打磨机器人分类

思考题

1. 国际标准化组织（ISO）对工业机器人的定义是什么？
2. 什么是机器人的自由度？
3. 什么是工业机器人的额定负荷？
4. 什么是工业机器人的工作空间？
5. 什么是工业机器人的重复定位精度？
6. 工业机器人的应用领域主要有哪些？

第 2 章　配天机器人认知

2.1　安全操作注意事项

工业机器人在空间中运动时，其动作空间属于危险场所，可能发生意外事故。为确保安全，在操作机器人时，须遵守以下事项。

（1）必须穿工作服，且禁止内衣、衬衫、领带等露在工作服外面。

（2）必须正确穿戴安全鞋、安全帽等安全防护用品。

（3）禁止佩戴特大耳环、挂饰等。

（4）通电中，禁止未受培训的人员触摸机器人和示教器，以免导致人员伤害或者设备损坏。

（5）操作过程中，禁止戴手套。

（6）禁止靠近机器人本体、工件及其他夹具等接触区域，以免造成人员伤害。

（7）靠近机器人工作区域前，确保机器人和运动的工具已经停止运动。

（8）注意工件和机器人系统的高温表面，防止高温烫伤。

（9）确保夹具夹好工件。如果工件在运动过程中脱落，会导致人员伤害、设备损坏或工件损坏。

（10）禁止强制扳动、悬吊、骑坐机器人，以免造成人员伤害或者设备损坏。

（11）禁止倚靠在机器人或其他控制器上，不允许随意按动开关或者按钮，以免造成人员伤害或者设备损坏。

2.2　配天机器人简介

安徽省配天机器人技术有限公司成立于 2013 年 1 月，是大富配天集团旗下专注于工业机器人、核心零部件及行业自动化产线解决方案的提供商。配天机器人已被广泛应用于 3C 制造业、汽车行业、玻璃制造业、食品加工业、工程加工业、橡胶和塑料制品业等多个领域的搬运码垛、激光加工、机床上下料、焊接、切割、打磨抛光、涂胶密封、装配、贴标等作业。

以下是配天机器人主要型号的简介（具体的参数规格以配天官方最新公布数据为准）。

1. AIR3

AIR3 机器人小巧、敏捷，具有较好的精度和灵活性，标准循环时间小于 0.36 s。其有效负载为 3 kg，本体质量为 23 kg，工作范围达 560 mm，重复定位精度为±0.02 mm，主要应用于装配、物料搬运等作业，如图 2.1 所示。

2. AIR6

AIR6 机器人适于安装在密集作业区域、封闭式狭小空间内，其有效负载为 6 kg，本体质量为 35 kg，工作范围达 710 mm，重复定位精度为±0.02 mm，主要应用于组装、安装/安插/紧固、拣选/放置、搬运、分配、涂胶/黏合/密封、上下料、打磨/抛光、工具操作等作业，如图 2.2 所示。

3. AIR50

AIR50 机器人是一款多功能 6 轴工业机器人，采用中空臂、内部走线设计，大幅度减少了线缆外置所造成的手腕运动空间干扰和线缆磨损及喷溅损坏等故障，更加适于在手腕动作复杂度较高的场合和弧焊等恶劣环境下使用。其有效负载为 50 kg，本体质量为 550 kg，工作范围达 2 238 mm，重复定位精度为±0.06 mm，主要应用于搬运、分拣、上下料、焊接、抛光、打磨/去毛刺等作业，如图 2.3 所示。

图 2.1　AIR3 机器人　　　　图 2.2　AIR6 机器人　　　　图 2.3　AIR50 机器人

4. AIR165

AIR165 机器人具有连续点焊等短距离快速移位能力，0.5 s 内可完成 50 mm 位移的快速运动，其细长型机械手臂设计方便离线示教且减少运动空间干涉；其焊接线缆、软管

（水/气）与机器人本体紧密贴合，可有效减少手腕运动空间干扰和线缆磨损及喷溅损坏等故障，更加适用于手腕动作复杂度较高的汽车点焊作业。其有效负载为 165 kg，本体质量为 1 200 kg，工作范围达 2 750 mm，重复定位精度为 ±0.06 mm，主要应用于搬运、焊接等作业，如图 2.4 所示。

5. AIR6ARC

AIR6ARC 弧焊机器人采用中空单侧悬臂结构，可避免焊枪线缆干涉，更适于狭窄空间操作。其采用小臂前伸流线外形设计，送丝机置于小臂后方，可减少干扰空间，适用于五金工具、金属家具、汽车维修、建筑、船舶、管道工程、通用机械等领域。其有效负载为 6 kg，本体质量为 90 kg，工作范围达 1 450 mm，重复定位精度为 ±0.08 mm，如图 2.5 所示。

6. ACR5 MoKi

ACR5 MoKi 是一款协作机器人，采用更方便快捷的设计，具有更棒的用户体验。其 3D 显示使动作预览更加直观，图形化设计使得编程逻辑一目了然，参数化设计可快速完成简单工艺。其采用无线连接，电脑、PAD、手机均可控制 ACR5 MoKi 协作机器人。其有效负载为 5 kg，本体质量为 19.5 kg，工作范围达 932 mm，重复定位精度为 ±0.03 mm，主要应用于搬运、装配等作业，如图 2.6 所示。

 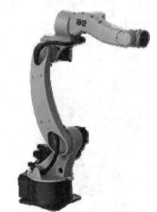 

图 2.4　AIR165 机器人　　　图 2.5　AIR6ARC 机器人　　　图 2.6　ACR5 MoKi 协作机器人

2.3　机器人项目实施流程图

配天机器人项目在实施过程中主要包含 7 个环节：**项目分析、机器人组装、工具坐标系建立、工件坐标系建立、I/O 信号配置、编程、自动运行**，其流程如图 2.7 所示。其中，在项目分析阶段需要考虑机器人的选型、现场布局及设备间通信等。

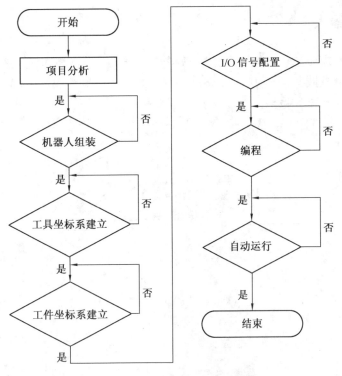

图 2.7　机器人项目实施流程图

2.4　机器人系统组成

　　工业机器人一般由 3 部分组成：**机器人本体、控制器**和**示教器**。

　　本书以配天典型产品 AIR6 型机器人为例进行相关介绍和应用分析，其组成结构如图 2.8 所示。

　　※　机器人系统组成

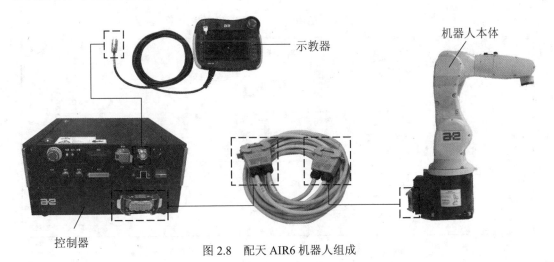

图 2.8　配天 AIR6 机器人组成

2.4.1 机器人本体

机器人本体又称**操作机**，是工业机器人的机械主体，是用来完成规定任务的执行机构。机器人本体主要由机械臂、驱动装置、传动装置和内部传感器组成。对于六轴机器人而言，其机械臂主要包括**基座、腰部、手臂（大臂和小臂）和手腕**。

配天 AIR6 六轴机器人的机械臂如图 2.9 所示。

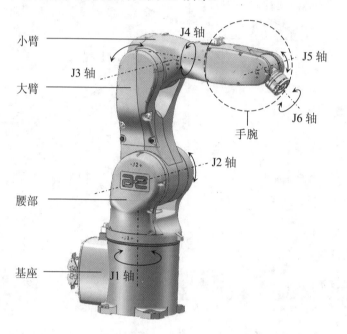

图 2.9　AIR6 六轴机器人的机械臂

图 2.9 中 J1 轴～J6 轴分别为 AIR6 机器人的第 1～6 轴。AIR6 机器人规格和特性见表 2.1。

表 2.1　AIR6 机器人规格和特性

规　　格			
型号	工作范围	有效负载	本体质量
AIR6	710 mm	6 kg	43 kg
特　　性			
重复定位精度	±0.02 mm		
机器人安装	地面安装、壁装、倒装		
控制器	ARCCD10		
防护等级	IP65		

AIR6 机器人运动范围见表 2.2。

表 2.2 AIR6 机器人运动范围

运　动		
轴	动作范围	最大速度
J1 轴	+170°～-170°	380°/s
J2 轴	+135°～-100°	350°/s
J3 轴	+156°～-120°	460°/s
J4 轴	+200°～-200°	500°/s
J5 轴	+135°～-135°	550°/s
J6 轴	+360°～-360°	800°/s

2.4.2 控制器

控制器是机器人的关键和核心部分，用来控制工业机器人按规定要求动作。控制器还可以存储各种指令（如动作顺序、运动轨迹、运动速度及动作时间等），向各个执行元件发出指令。必要时，控制系统可对自身的行为加以监视，一旦有越轨的行为，能自身排查出故障发生的原因，并及时发出报警信号。

AIR6 机器人采用 ARCCD10 型控制器，其主要构成有按钮板、电源接口、调试接口、复合航插接口、用户 I/O 接口等，如图 2.10 所示。每个接口的名称详见表 2.3。

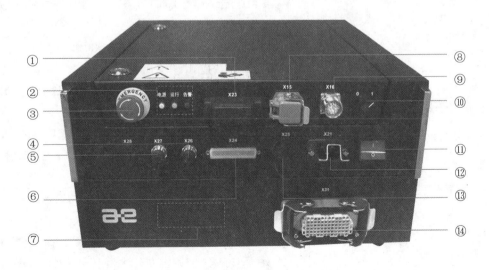

图 2.10 ARCCD10 控制器外部结构

表 2.3　ARCCD10 控制器接口及其说明

图示序号	接口标示	接口名称	接口说明
①	X23	系统 I/O 接口	接口信号包含外部急停输入、急停输出、外部暂停、外部自动运行、安全栅栏状态、LED 灯塔、外部伺服开关、外部安全信号、程序号等信号。 系统 I/O 接口各信号定义固定，用户不可配置
②	X12	指示灯组	有 3 个指示灯： ● 白色指示灯为电源指示灯，控制器启动时灯亮。 ● 绿色指示灯为运行指示灯，在驱动动力电接通时灯亮。 ● 红色指示灯为告警指示灯，在控制系统异常时灯亮
③	X11	急停按钮	按下急停按钮，机器人立刻停止（STOP1）。 需要解除安全状态时，应先按照按钮上提示的方向旋起急停按钮
④	X26	外扩 MF 接口	当使用到的 I/O 数量超过系统预留的 16 路 DI 和 16 路 DO 时，控制器提供扩展 I/O 的 MF 模块，MF 模块具有 40 路 DI 和 40 路 DO 信号，通过 Modbus 协议与控制器通信
⑤	X27	用户 RS232 接口	该接口是为用户提供的 RS232 通信接口，X27 接口为标准型 M12 连接器
⑥	X24	用户 I/O 接口	控制器为用户提供 16 路 DI 和 16 路 DO 接口。使用 DI、DO 接口时，须使用外部电源。 X24 在柜体侧是一个 DB62 的母端子，通过一根用户 I/O 端子模块线缆连接到一个 50 pin 的端子台上。用户接线时一般连接到端子台上
⑦	X6X	松抱闸盒	打开手动松抱闸盒盖板后会看到松抱闸按钮。根据手动松抱闸盒盖板背面的松抱闸操作说明进行操作： ● 按下使能按键至"I"档（此时示教器界面提示"手动松抱闸被使能"）。 ● 长按送抱闸按钮，手动拖动本体对应轴到您期望的位置。 按下松抱闸按钮后，须防止本体因为重力作用而导致的下落，造成对系统的损坏
⑧	X15	外扩轴 Ethercat 通讯口	预留 1 个 EtherCAT 接口，作为扩展外轴接口，以及 EtherCAT 协议转换口。最大支持扩展 2 路外轴。 外轴扩展使用方式为：外轴驱动器外置，紧凑柜不提供外轴电机与外轴驱动器供电，不提供外轴抱闸供电，外轴与紧凑柜通过 EtherCAT 总线通信，外轴驱动器告警通过安全 I/O 接口连接紧凑柜

续表 2.3

图示序号	接口标示	接口名称	接口说明
⑨	X16	示教器接口	采用快插式连接器连接，连接时将 1 号插头平面与 2 号插座平面对齐，此时，插头和插座上三角形对齐符号对准，然后将连接器推入，顺时针旋转插头 45°，将插头插座卡紧。 拆除时，逆时针旋转插头 45°，使 1 号插头平面和 2 号插座平面对齐，进而拔出插头
⑩	X13	示教器插拔旋钮	该旋钮有 0/1 两个档位： ● 当旋钮置于"1"档时，表示必须连接示教器才能正常使用，否则控制器告警。 ● 当旋钮置于"0"档时，表示可将示教器拔下，此时机器人系统仍可继续运行。 使用示教器插拔旋钮时，须先将插拔旋钮置于"1"档，并连接示教器，通过示教器加载控制程序。对于控制指令已固定的工作系统，此时无需示教器进行控制，可将旋钮置于"0"档，拔下示教器，通过外部控制旋钮等控制机器人系统运行
⑪	X22	电源开关	该开关为带灯船型开关，开关上印有 O/I 字样，正常使用情况下： ● 当开关置于"I"档时，表示控制器处于开启状态，此时开关内指示灯亮。 ● 当开关置于"O"档时，表示控制器处于关闭状态，此时开关内指示灯不亮
⑫	X21	电源线入口	连接时，将品字形电源插头完全插入插座中
⑬	X25	用户 Ethercet 接口	用于连接工业以太网和用以太网通信的传感器
⑭	X31	动力编码器本体 I/O 接口	该接口采用重载连接器，重载连接器带有卡紧及防错插功能。连接时，将重载连接器公插插头插入母插插体，扣紧锁扣即可

2.4.3　示教器

1. 示教器简介

示教器也称为示教盒或示教编程器，主要由显示屏和操作按键组成，如图 2.11 所示。示教器是工业机器人的人机交互接口，机器人的绝大部分操作均可以通过示教器来完成，如轴操作机器人，编写、测试和运行机器人程序，设定、查阅机器人状态设置和位置等。示教器通过电缆与控制器相连接。

　　　　　　　　使能按钮

　　　　　（a）正面　　　　　　　　　　　　　　　（b）反面

图 2.11　示教器外形结构

　　示教器拥有自己独立的 CPU 以及存储单元，与控制器之间以 TCP/IP 等通信方式实现信息交互，可在恶劣的工业环境下持续运行。其触摸屏易于清洁，且防水、防油、防溅锡。AIR6 示教器规格见表 2.4。

表 2.4　AIR6 机器人示教器规格

示 教 器 规 格	
质量	1.5 kg
外形尺寸	285 mm（长）×228 mm（宽）×96 mm（厚）
屏幕分辨率	VGA 800×600
通信方式	以太网+安全 ID
对外接口	USB2.0
防护等级	IP65
面板尺寸	8.4 inch

2. 主要功能

　　示教器的主要功能是处理与机器人系统相关的操作，AIR6 机器人示教器主要功能见表 2.5。

表 2.5　AIR6 机器人示教器主要功能

示教器主要功能	
1	手动操作机器人
2	程序创建
3	程序的测试执行
4	修改程序
5	备份与恢复
6	配置机器人
7	状态确认

　　操作人员通过示教器手动操纵机器人，以合适的运动形式使机器人运动到目标位置进行示教。示教器可以记录目标位置点参数，并传输至控制器，使机器人可以根据指令自动或重复运行相关作业。

2.5　机器人组装

2.5.1　首次组装机器人

AIR6 机器人的完整装箱实物图如图 2.12 所示。

❋　机器人组装

（a）机器人装箱实物图　　　　　　　（b）控制器装箱实物图

图 2.12　AIR6 机器人的完整装箱实物图

1. 拆箱

　　使用专业的拆卸工具打开箱子，按照装箱清单（标准配置）清点实物，配件如图 2.13 所示。

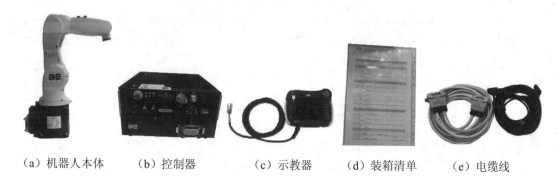

（a）机器人本体　　（b）控制器　　　（c）示教器　　（d）装箱清单　　（e）电缆线

图 2.13　AIR6 机器人标准配件

2. 安装固定机器人

机器人的安装对其功能的发挥十分重要，在实际工业生产中常见的安装方式有 3 种，如图 2.14 所示。

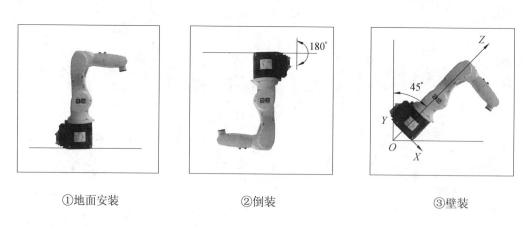

①地面安装　　　　　　　②倒装　　　　　　　③壁装

图 2.14　AIR6 机器人常用的安装方式

本书以最常用的**第①种**安装方式来讲解 AIR6 机器人安装固定方法及其相关应用，其他安装方法可参阅相应的配天机器人手册，并设置对应参数。

与 AIR6 机器人安装条件相关的参数见表 2.6 和表 2.7。

<table>
<tr><td colspan="2">表 2.6　运行温度和湿度</td><td colspan="2">表 2.7　基本物理特性</td></tr>
<tr><td>参数名称</td><td>参数值</td><td>参数名称</td><td>参数值</td></tr>
<tr><td>最低环境温度</td><td>0 ℃</td><td>机器人底座尺寸</td><td>205 mm×205 mm</td></tr>
<tr><td>最高环境温度</td><td>+45 ℃</td><td>机器人高度</td><td>783 mm</td></tr>
<tr><td>环境湿度</td><td>恒温下 95% 以内，无凝露</td><td>机器人质量</td><td>43 kg</td></tr>
</table>

在安装机器人前，须确认安装尺寸，如图 2.15 所示。安装机器人本体时应充分考虑地基安装面强度，机器人本体安装地面倾斜度要求小于 5°。

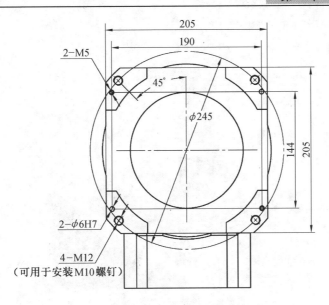

图 2.15   AIR6 机器人的机座尺寸

AIR6 机器人正确吊装姿态如图 2.16 所示。

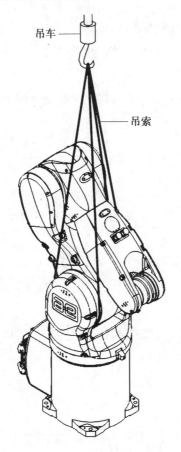

图 2.16   正确吊装图

机器人安装完成后的效果如图 2.17 所示。

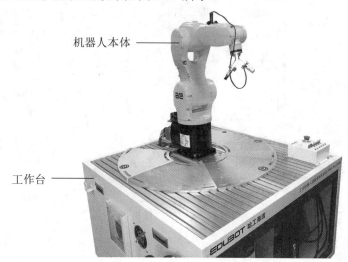

图 2.17　机器人安装效果图

注意：

➢ 必须按规范操作。

➢ 机器人本体及搬运装置质量约 45 kg，必须使用具有安全能力的起吊附件。

➢ 将机器人固定到基座之前，切勿改变其姿态。

➢ 机器人固定必须牢固可靠。

➢ 吊装搬运时，在吊索与机器人本体接触的区域之间塞入柔软物，避免吊索划伤机器人本体。

➢ 在安装过程中时刻注意安全。

2.5.2　电缆线连接

机器人系统之间的电缆线连接分为 2 类：**系统内部的电缆线连接和系统外围的电缆线连接。**

➢ 系统内部的电缆线连接。主要分为 3 种情况：**机器人本体与控制器连接、示教器与控制器连接、电源与控制器连接。**必须将这些电缆线连接完成，才可以实现机器人的基本运动。

➢ 系统外围的电缆线连接。主要指机器人本体与末端执行器之间的电缆线连接，其用以实现机器人的具体作业功能。

1. 系统内部的电缆线连接

（1）机器人本体与控制器连接。

机器人本体与控制器之间的连接线有两根，这两根线共用一个端口，分别连接至控制器和机器人，如图 2.18 所示。

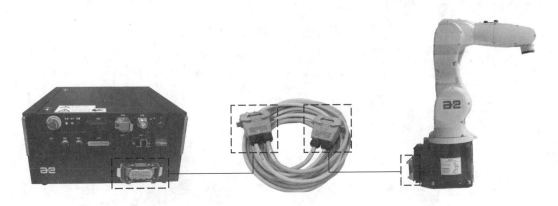

图 2.18　AIR6 机器人本体与控制器之间的电缆连接

（2）示教器与控制器连接。

示教器电缆线为黑色线，一端已连接至示教器，需要将另一端接口对准控制器对应孔位插入，并将其固定好，如图 2.19 所示。

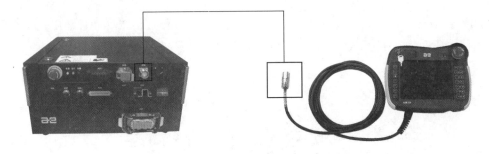

图 2.19　示教器与控制器之间的电缆线连接

（3）电源与控制器连接。

将电源电缆一端的电源插头插入控制器的电源接口上，如图 2.20 所示。控制器额定电源电压为 AC 220 V±10%，电源频率为 49～61 Hz，最大输入功率为 3 kVA。

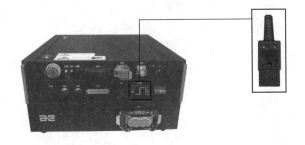

图 2.20　电源与控制器之间的电缆线连接

注意：用户可自行制作电源电缆插头，也可以选购。

2. 系统外围的电缆线连接

机器人本体与手腕之间的电缆线连接接口如图 2.21 所示。

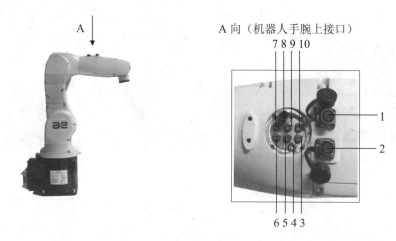

图 2.21　AIR6 机器人手腕上接口

1—以太网接口；2—用户 I/O 接口；3—1B；4—排气孔；5—2B；6—3B；7—3A；8—直通气路；9—2A；10—1A

　　另外，手腕上还有电磁阀组件，通过气源接口将气体传送给气动元件。电磁阀组件有 3 个内部电磁阀，其中，1A 和 1B 为一路，2A 和 2B 为一路，3A 和 3B 为一路。

思考题

1. 操作工业机器人之前需要注意哪些事项？
2. 请列举 4 款配天工业机器人常用型号及用途。
3. 在项目实施过程中，机器人一般操作流程是什么？
4. 工业机器人由哪些部分组成？
5. AIR6 机器人各部分电缆线如何连接？
6. AIR6 机器人的规格和特性是什么？

第3章 示教器认知

3.1 示教器硬件介绍

1. 示教器手持方式

操作机器人之前必须学会正确持拿示教器,如图 3.1 所示,左手握住示教器,并按压使能按键,右手用于操作示教器上的相关按键。

※ 示教器硬件介绍

（a）正面 （b）反面

图 3.1 正确的示教器手持方式

2. 外形结构

示教编程器上设有机器人示教和编程所需的操作键,触摸屏占据整个示教器面板的大部分,其按键布局如图 3.2 所示。

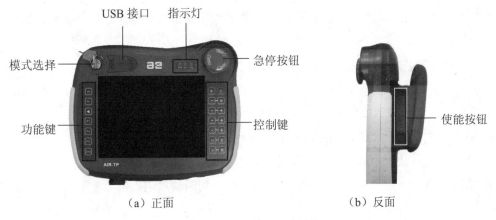

（a）正面 （b）反面

图 3.2 示教器外形结构

（1）模式选择。

模式选择有 3 种：手动低速模式、手动高速模式和自动模式，如图 3.3 所示。其功能说明见表 3.1。

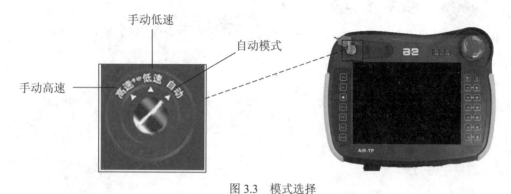

图 3.3　模式选择

表 3.1　示教器在不同模式选择下的功能说明

模式选择	功　能　说　明
手动低速模式	模式切换钥匙若选到"低速"，则为手动低速模式，此时可用示教器进行轴操作或编程作业。手动低速模式时，不接受外部设备的开始信号
手动高速模式	模式切换钥匙若选到"高速"，则为手动高速模式，用于再现示教后的程序。手动高速模式时，不接受外部设备的开始信号
自动模式	模式切换钥匙若选到"自动"，则为自动模式，用于通过外部输入信号控制机器人操作运行

（2）急停按钮（红色）。

不管在任何模式下，当急停按钮被按下，机器人立即停止运行，显示屏显示急停信号。其效果与控制器急停按键等同。

机器人运动停止后，顺时针旋转按钮并手动清除错误报警后则解除急停状态，恢复正常状态。

（3）使能按键。

使能按键又称为安全开关，有 3 个键位：第Ⅰ键位、第Ⅱ键位和第Ⅲ键位。此按键只能用于手动模式。

➤ **第Ⅰ键位**：轻轻按下，伺服电机电源接通。

➤ **第Ⅱ键位**：按至中间位置时，通过示教器可以操作机器人本体。

➤ **第Ⅲ键位**：用力完全按下（或完全松开）时，切断伺服电机电源，无法执行机器人本体操作。

（4）指示灯。

指示灯有 3 种状态：电源、运行和告警，如图 3.4 所示。

➤ **电源**：上电时电源指示灯亮。

➤ **运行**：机器人正常运行时运行指示灯亮。

➤ **告警**：系统发生异常，如按下急停按钮时告警指示灯亮。

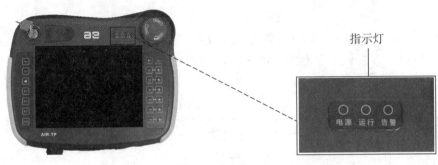

图 3.4　指示灯

3. 按键区介绍

示教器按键区的按键具体功能见表 3.2。

表 3.2　示教器按键的功能

名称	图标	功　　能
Start	▷	在手动低速模式下，只有在持续按住该键期间，机器人才按示教程序点的轨迹运行。 ● 只执行移动命令。 ● 机器人按照选定的手动速度运动。执行操作前，请确认手动速度是否正确
Stop	❙❙	在自动模式下，只有在按下该键期间，机器人才暂停运动。 ● 暂停程序操作。 ● 机器人按照选定的手动速度运动。操作前，请确认手动速度是否正确
逆向运行	◁	只有在按住该键期间，机器人才按示教程序点的轨迹逆向运行。 ● 只执行移动命令。 ● 机器人按照选定的手动速度运动。执行操作前，请确认手动速度是否正确
功能键	F1 F2 F3	按该键，控制 I/O 信号。 ● 在参数配置中关联配置的 I/O 信号

续表 3.2

名称	图标	功　　能
切换控制	**2nd**	按该键，切换主/外轴。 ● 按下该键，可切换机器人主轴与外轴
速度	**V+** **V-**	手动操作时，设定机器人动作速度的专用键。该键设定的动作速度即使在前进、后退的运动中仍然有效。 ● 选定的速度在显示屏状态显示区域显示。 ● 每按一次【V+】键，手动速度按照 1% → 3% →10% →30%→50% →75% → 100%顺序变化。 ● 每按一次【V-】键，手动速度按照 100% → 75% → 50% → 30% → 10% → 3% → 1%顺序变化
轴操作	**−** **+**	操作机器人各个轴的专用键。 ● 机器人只在该键按下时运动。 ● 轴操作键可同时进行 2 种以上的操作。 ● 机器人按照选定的坐标系和选定的手动速度运动。轴操作前，请确认坐标系和手动速度是否正确

3.2　示教器界面介绍

　　配天机器人示教器采用彩色显示屏。将控制器上电源开关旋转至"ON"，等待机器人开机，示教器启动界面如图 3.5 所示。

※　示教器画面介绍

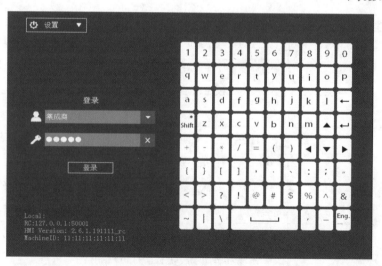

图 3.5　示教器启动界面

3.2.1 登录界面

在首次开机时，AIR-TP 示教器将提示首次登录时的用户界面，如图 3.6 所示，用户可以选择不同的权限。

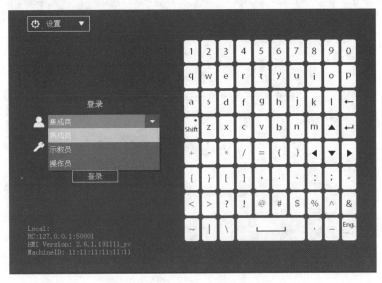

图 3.6 示教器登录界面

用户权限等级按照从集成商（OEM）、示教员（Teacher）到操作员（Operator），分别对应权限等级 1~3，权限等级从 1 到 3 依次减小，且高等级权限用户授权功能包含低等级用户。登录密码为：GRACE。 用户权限的具体功能说明见表 3.3。

例如，某功能所需权限等级为 1，则权限等级为 2~3 的用户均具有此功能权限。

表 3.3 用户权限功能说明

序号	权限选择	功　能　说　明
1	OEM（集成商）	可进行驱动器参数配置（具体可修改参数见参数配置描述）、系统参数配置、运行程序编写、固件更新等操作
2	Teacher（示教员）	可进行机器人工作程序的编写等操作，部分参数修改权限
3	Operator（操作员）	进行机器人的位置参数运行情况简单查看，无程序修改、参数修改权限

3.2.2 主界面

示教器开机完成后，显示的界面如图 3.7 所示。

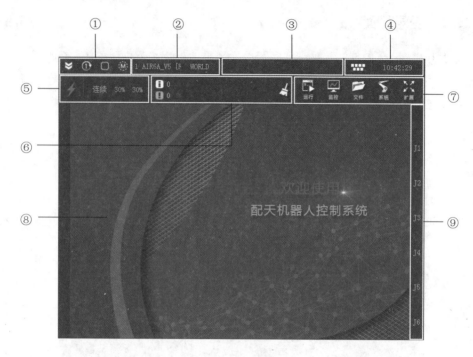

图 3.7　主界面

机器人示教器主界面各个功能区作用见表 3.4。

表 3.4　示教器主界面功能区作用

序号	名　　称	功　能　说　明
①	系统状态	显示当前系统状态
②	通道单元名与坐标系	显示与切换通道，显示当前工件坐标系
③	通道加载的程序	显示当前通道加载的程序
④	系统软键盘与系统时间	调出系统软键盘，显示与设置系统时间
⑤	系统上下电与 JOG 运行	系统上下电，设置与显示当前的 JOG 运行参数
⑥	系统消息	滚动显示最新一条系统消息
⑦	菜单区	提供各功能参数选项
⑧	主窗口	各功能页面显示区域
⑨	轴显示	与示教器右侧轴操作按键对应

3.2.3　状态栏

在操作机器人时可从状态栏查看机器人的当前状态，如图 3.8 所示，状态显示说明见表 3.5。

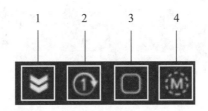

图 3.8　系统状态显示

表 3.5　系统状态显示说明

序号	名称	图标	说　　明
1	连续模式状态		程序处于连续运行状态
			程序处于单步运行状态
			程序处于调试运行状态
2	模式状态		程序处于循环运行状态
			程序处于单次运行状态
3	程序运行状态		程序处于未加载状态
			程序处于停止状态
			程序处于暂停状态
			程序处于运行状态
4	控制模式		当前处于手动高速控制模式，用于测试运行，该模式下以编程速度运行
			当前处于手动低速控制模式，用于测试运行和示教，PTP 运动限速 10%，CP 运动限速 250 mm/s
			当前处于自动控制模式，用于运行，该模式下以编程速度运行

3.3　示教器常用操作

示教器常用操作包括调出软键盘、切换坐标系和速度控制等。

3.3.1　软键盘

点击键盘与时间区域的键盘图标，或者点击任意一个可编辑的编辑框，可以调出软键盘，如图 3.9 所示。

图 3.9　软键盘

3.3.2　切换坐标系

在机器人示教编程过程中，根据当前动作和作业内容，需要经常切换不同的坐标系来完成相关动作。

手动操纵机器人时，点击示教器主界面【连续 100% 30%】，可在窗口内的关节、基础、世界、工具和工件 5 种坐标系中进行选择。选择所需坐标系后，将在状态显示区域显示当前坐标系的相应名称。

思考题

1. 配天机器人示教器有哪几种模式？
2. 配天示教器界面包括哪几个区域？
3. 配天示教器坐标系的切换顺序是什么？
4. 配天示教器快捷操作有哪些？

第4章

机器人基本操作

4.1 坐标系种类

坐标系是为确定机器人的位置和姿态而在机器人或空间上进行定义的位置指标系统。

❋ 坐标系种类

配天机器人的坐标系有：**关节坐标系、基础坐标系、工具坐标系、工件坐标系和世界坐标系。**

1. 关节坐标系

关节坐标系是设定在机器人的关节中的坐标系，如图 4.1 所示。在关节坐标系下，机器人各轴均可实现单独正向或反向运动。对于大范围运动，且不要求工具中心点（Tool Center Point，TCP）姿态时，可选择关节坐标系。

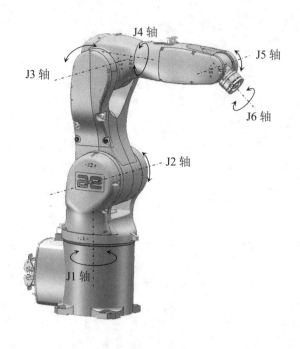

图 4.1 关节坐标系

2. 基础坐标系

基础坐标系也称为机器人坐标系，是机器人其他坐标系的参照基础，是工业机器人示教与编程时经常使用的坐标系之一。基础坐标系是该款机器人的固有属性，在设计之初就已经确定。

配天机器人的基础坐标系：原点位置定义在机器人安装面与第一转动轴的交点处，Z 轴向上，X 轴向前，Y 轴按右手规则确定，如图 4.2 和图 4.4 中的坐标系 O_1-$X_1Y_1Z_1$。

3. 工具坐标系

工具坐标系是用来定义工具中心点的位置和工具姿态的坐标系。而工具中心点是机器人系统的控制点，出厂时默认于最后一个运动轴或连接法兰的中心。

未定义时，工具坐标系默认在连接法兰中心处，即法兰坐标系，如图 4.3 所示。安装工具后，TCP 将发生变化，变为工具末端的中心。为实现精确运动控制，当换装工具或发生工具碰撞时，工具坐标系必须事先进行定义，如图 4.4 中的坐标系 O_2-$X_2Y_2Z_2$，具体定义过程详见 5.1 小节。在工具坐标系中，TCP 将沿工具坐标系的 X、Y、Z 轴方向作直线运动。

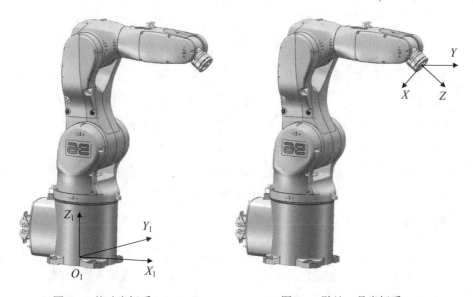

图 4.2　基础坐标系　　　　　　　　　　图 4.3　默认工具坐标系

4. 工件坐标系

工件坐标系是用户对每个作业空间进行定义的坐标系。它用于位置寄存器的示教和执行、位置补偿指令的执行等。未定义时，工件坐标系与直角坐标系重合，如图 4.4 中的坐标系 O_3-$X_3Y_3Z_3$。

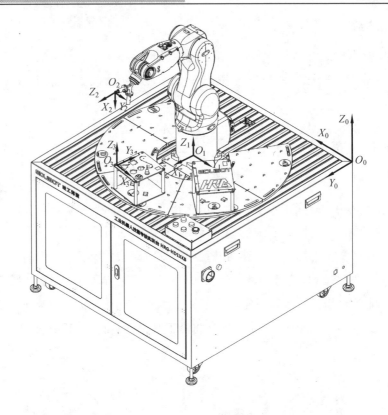

图 4.4　机器人常用坐标系

工件坐标系具有以下 2 个作用。

（1）方便用户以工件平面方向为参考，手动操纵机器人进行示教编程。

（2）当相同工件的位置更改后，只需要新建工件坐标系，机器人即可正常作业，无需重新编程。

通常，在建立项目时，至少需要建立两个坐标系，即工具坐标系和工件坐标系。前者便于操纵人员进行调试工作，后者便于机器人记录工件的位置信息。

5. 世界坐标系

世界坐标系是建立在工作单元或工作站中的固定坐标系，如图 4.4 中的坐标系 O_0-$X_0Y_0Z_0$，世界坐标系用于确定若干个机器人或外轴移动的机器人的位置。

4.2　机器人手动操纵

机器人手动操纵主要包括 2 种方式：关节运动和线性运动。

在手动操纵机器人时，尽量以低速度操作，使机器人低速运动，避免发生撞击等意外情况。

4.2.1 关节运动

机器人在关节坐标系下的运动称为**关节运动**，又称为单轴运动，即每次手动操纵只使机器人某一个关节轴进行转动。

※ 关节运动

关节运动的具体操作步骤见表4.1。

表4.1 关节运动的具体操作步骤

序号	图片示例	操作步骤
1		将示教器操作模式切换成"手动低速"
2		点击示教器"JOG运行状态显示栏"，选择"单轴模式"
3		同时按住"使能按键"和"轴操作"键，即可实现机器人关节运动

4.2.2 线性运动

机器人在基础坐标系（或工具坐标系、工件坐标系）下的运动称为**线性运动**，即机器人工具中心点（TCP）在空间中沿坐标轴作直线运动和绕坐标轴作旋转运动。线性运动是机器人多轴联动的效果。

※ 线性运动

线性运动的具体操作步骤见表 4.2。

表 4.2　线性运动的具体操作步骤

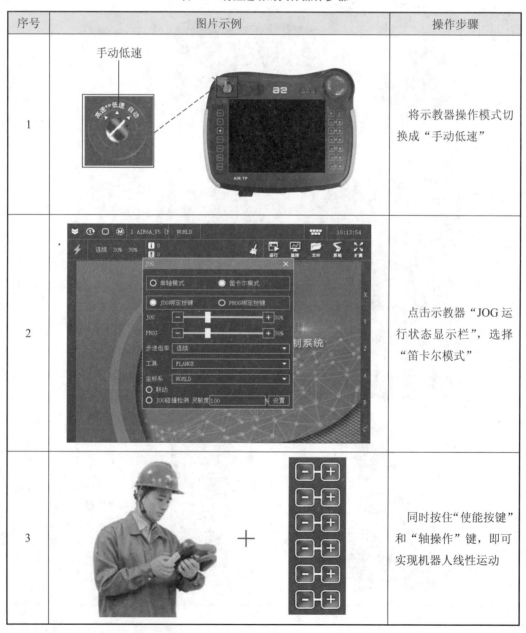

序号	图片示例	操作步骤
1	手动低速	将示教器操作模式切换成"手动低速"
2		点击示教器"JOG 运行状态显示栏"，选择"笛卡尔模式"
3		同时按住"使能按键"和"轴操作"键，即可实现机器人线性运动

思考题

1. 配天机器人坐标系分为哪几种？
2. 配天机器人基础坐标系的位置位于机器人何处？
3. 工件坐标系的作用是什么？
4. 简述配天机器人关节运动操作流程。
5. 简述配天机器人线性运动操作流程。

第 5 章

坐标系建立

5.1 工具坐标系

在实际生产操作中，机器人经常会有不同的工作场合，因此需要设定相应的工具坐标系来方便示教和满足生产操作需求。

工具坐标系是表示工具中心位置和工具姿势的直角坐标系，需要在编程前先进行自定义，如果未定义则为默认工具坐标系。用户可以建立 32 个工具坐标系，序号分别为 0～31。

5.1.1 工具坐标系建立原理

工具坐标系建立原理如下：

（1）在机器人工作空间内找一个精确的固定点作为参考点。

（2）确定工具上的参考点（一般选择工具中心点）。

※ 工具坐标系建立原理

（3）手动操纵机器人，至少以 4 种不同的工具姿态将机器人工具上的参考点尽可能与固定点刚好接触。工具的姿态差别越明显，建立的工具坐标系精度将越高。

（4）通过 4 个位置点的位置数据，机器人可以自动计算出 TCP 的位置，并将 TCP 的位姿数据保存在被设定的工具文件夹里。

在建立工具坐标系前，需准备带有尖锥端的工具和工件。如图 5.1 所示，将工具安装在机器人第 6 轴的末端法兰上，将工件安装固定在工作台面上。

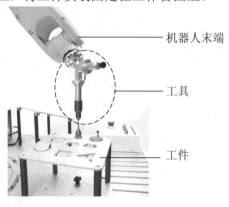

机器人末端

工具

工件

图 5.1 机器人末端工具

机器人系统对其位置的描述和控制是以机器人的工具中心点 TCP 为基准的,而工具坐标系建立的目的是可以将默认的机器人控制点转移至工具末端,使默认的工具坐标系变换为自定义工具坐标系,方便用户手动操纵和编程调试,如图 5.2 所示。

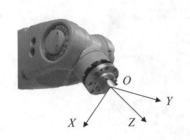　　　　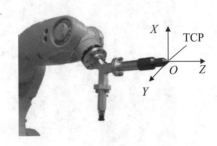

（a）默认工具坐标系　　　　　　　（b）自定义工具坐标系

图 5.2　工具坐标系建立

图 5.2（a）所示的默认工具中心点 TCP,位于机器人第 6 轴末端的中心点,该点建立的工具坐标系编号为 0。

图 5.2（b）所示为用户自定义的工具坐标系,是将 0 号工具坐标系偏移至工具末端后重新建立的坐标系。

配天机器人工具坐标系的设置方法有 2 种:输入法和标定法。

➢ **输入法**:直接输入相对默认工具坐标系的 TCP 位置（X、Y、Z 的值）和坐标系的姿态（A、B、C 的值）。

➢ **标定法**:通过标定的方法设置工具坐标系,分为四点法和三点法。

四点法:通过 4 点确定工具中心点,要进行正确的标定,应尽量使 4 种工具姿态各不相同。

三点法:通过 3 点确定坐标系姿势,确定 X 轴和 Y 轴的方向。

5.1.2　工具坐标系建立步骤

以 AIR6 机器人为例,利用"四点法和三点法",介绍工具坐标系的建立步骤,该方法同样适用于配天其他型号机器人。

工具坐标系建立步骤见表 5.1。

※　工具坐标系建立步骤

表 5.1　工具坐标系建立

序号	图片示例	操作步骤
1	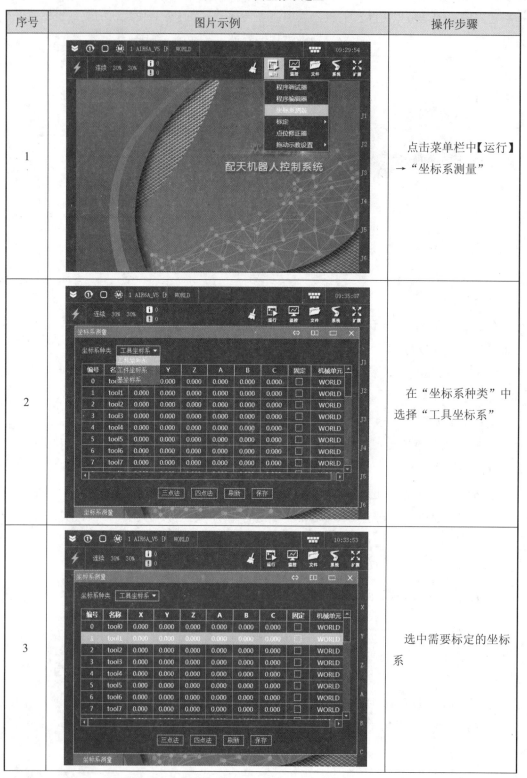	点击菜单栏中【运行】→"坐标系测量"
2		在"坐标系种类"中选择"工具坐标系"
3		选中需要标定的坐标系

续表5.1

序号	图片示例	操作步骤
4	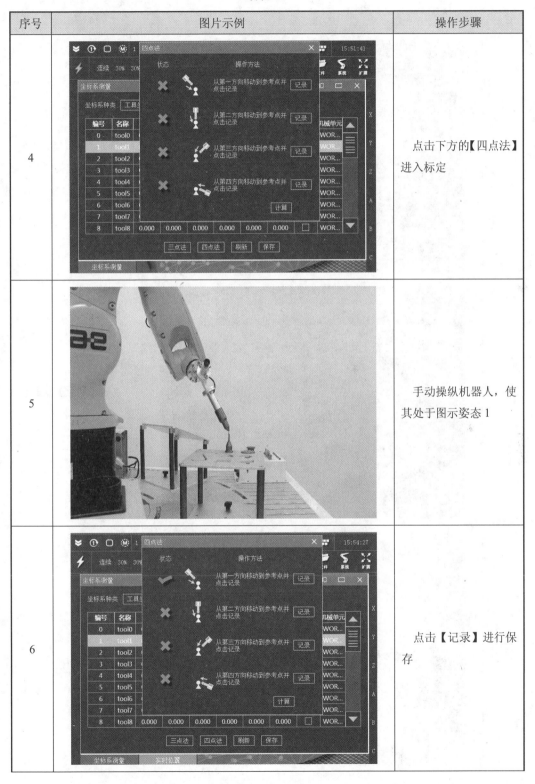	点击下方的【四点法】进入标定
5		手动操纵机器人，使其处于图示姿态1
6		点击【记录】进行保存

续表 5.1

序号	图片示例	操作步骤
7	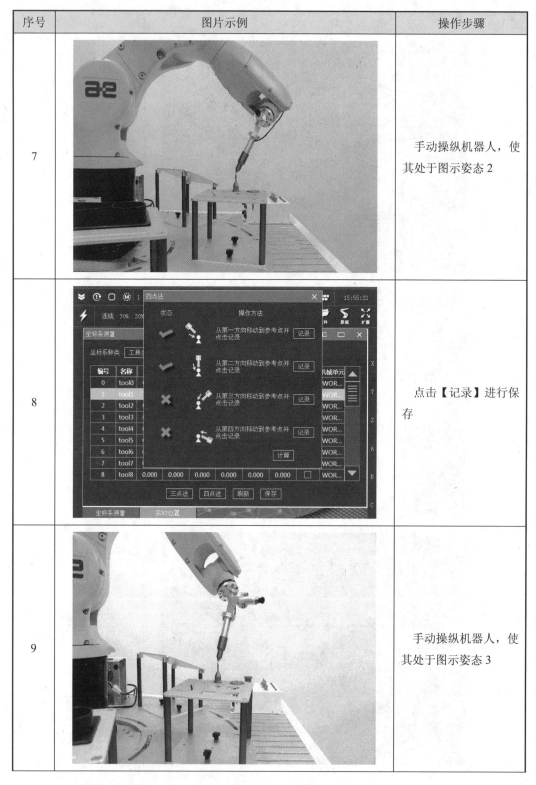	手动操纵机器人，使其处于图示姿态 2
8		点击【记录】进行保存
9		手动操纵机器人，使其处于图示姿态 3

续表 5.1

序号	图片示例	操作步骤
10	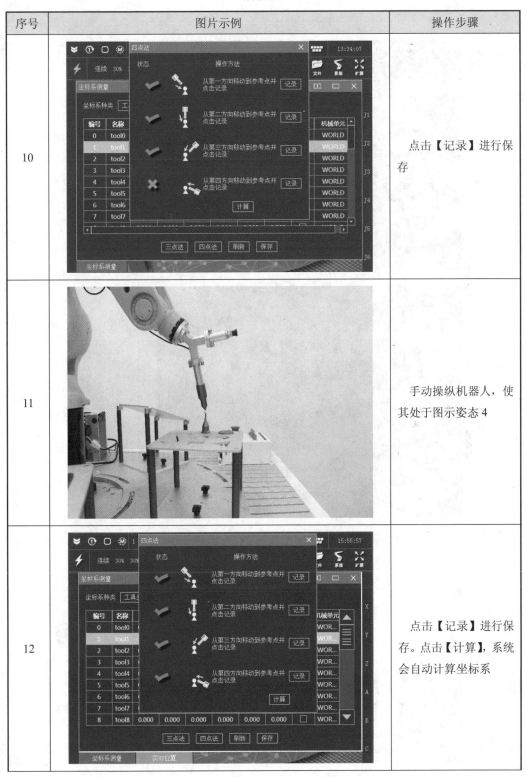	点击【记录】进行保存
11		手动操纵机器人，使其处于图示姿态 4
12		点击【记录】进行保存。点击【计算】，系统会自动计算坐标系

续表 5.1

序号	图片示例	操作步骤
13	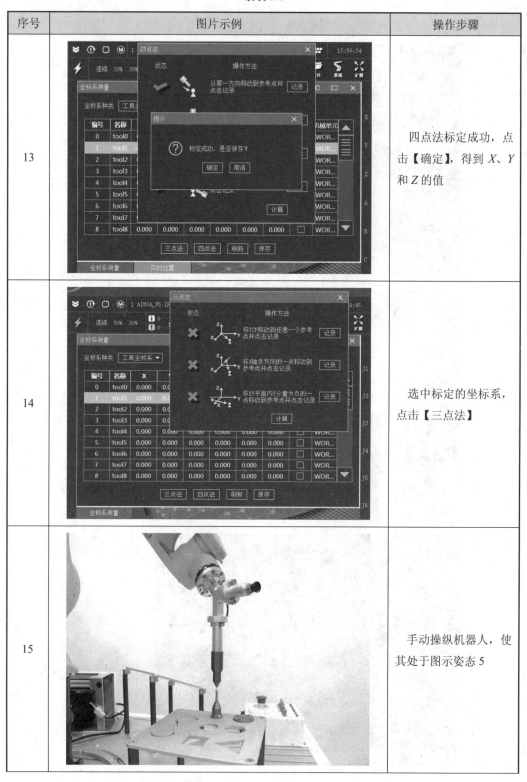	四点法标定成功，点击【确定】，得到 X、Y 和 Z 的值
14		选中标定的坐标系，点击【三点法】
15		手动操纵机器人，使其处于图示姿态 5

续表 5.1

序号	图片示例	操作步骤
16	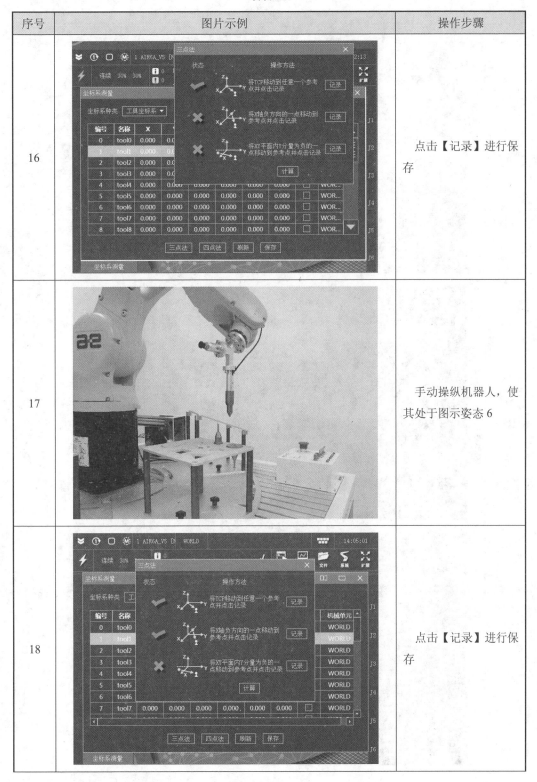	点击【记录】进行保存
17		手动操纵机器人，使其处于图示姿态6
18		点击【记录】进行保存

续表 5.1

序号	图片示例	操作步骤
19	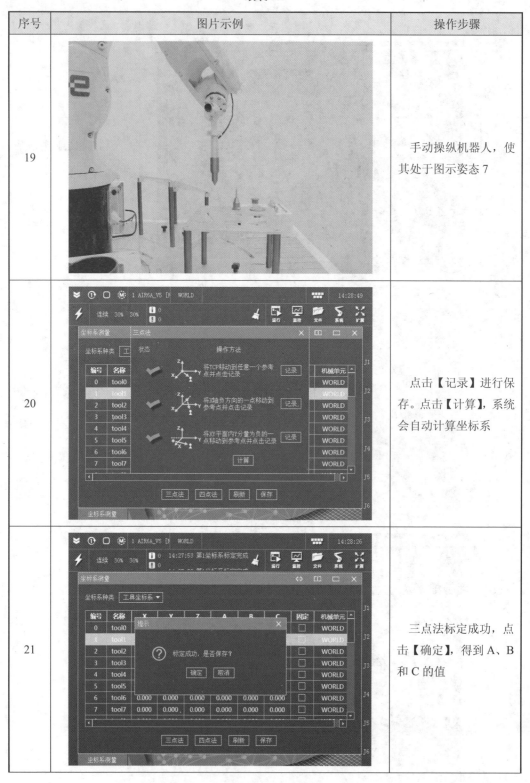	手动操纵机器人，使其处于图示姿态 7
20		点击【记录】进行保存。点击【计算】，系统会自动计算坐标系
21		三点法标定成功，点击【确定】，得到 A、B 和 C 的值

续表 5.1

序号	图片示例	操作步骤
22	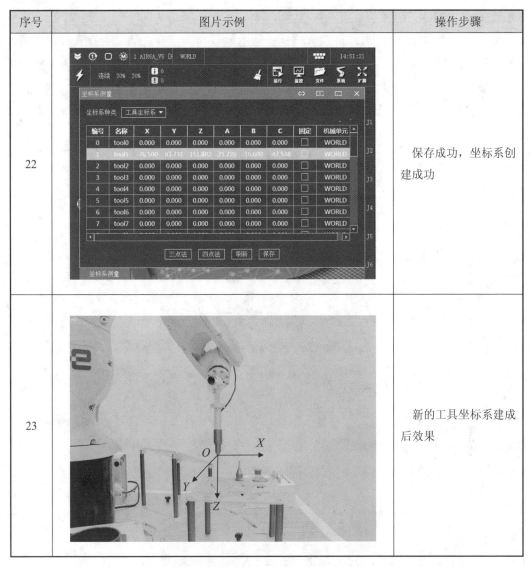	保存成功，坐标系创建成功
23		新的工具坐标系建成后效果

5.1.3 验证工具坐标系

工具坐标系建立完成后，需要对新建的工具坐标系进行控制点验证，以确保新建工具坐标系满足实际要求。

工具坐标系验证方法：在选择"工具坐标系"后，选择"笛卡尔模式"，手动操纵机器人绕 X、Y、Z 轴旋转运动，检查工具的末端与工件固定点是否存在偏移。

工具坐标系验证的具体操作步骤如下。

第一步：点击菜单栏，在"设置 JOG 运行参数"界面将运动模式选择为"笛卡尔模式"。

※ 工具坐标系验证

第二步：选择目标工具序号。在"设置 JOG 运行参数"界面选择工具为"tool1"，坐标系选择为"TOOL"。

第三步：点击【轴操作】，检查末端执行器的末端与固定点之间是否存在偏移。若没有发生偏移，则说明新建立的工具坐标系误差较低或者无误差，可以使用；若发生明显偏移（如图 5.3 所示），则所建立的工具坐标系存在较大误差，不适用于实际操作，需要重新建立工具坐标系。

图 5.3　工具坐标系的验证

5.1.4　清除工具坐标数据

验证新建的工具坐标系后，若发生明显误差则不可用于生产实践，需要清除当前创建的工具坐标系，进行重新创建。

清除工具坐标数据的具体操作步骤见表 5.2。

表 5.2　清除工具坐标数据

序号	图片示例	操作步骤
1	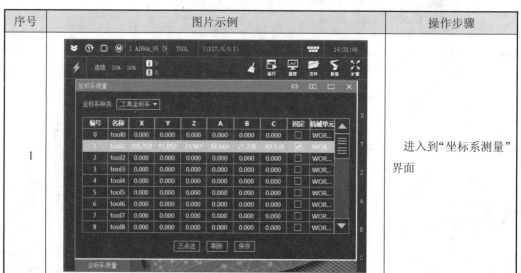	进入到"坐标系测量"界面

续表5.2

序号	图片示例	操作步骤
2	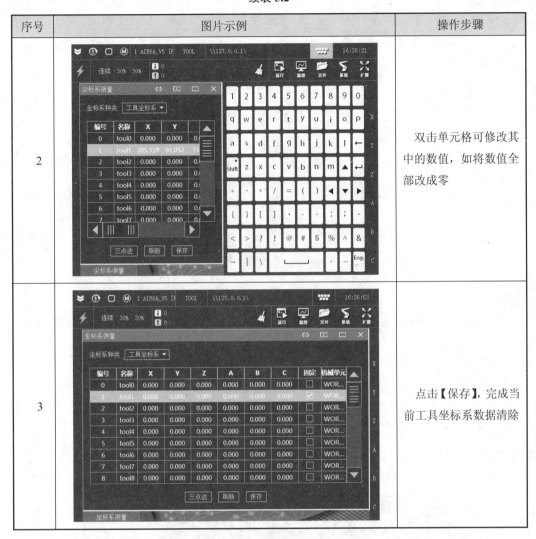	双击单元格可修改其中的数值，如将数值全部改成零
3		点击【保存】，完成当前工具坐标系数据清除

5.2 工件坐标系建立

工件坐标系是用户对每个作业空间重定义的坐标系，需要在编程前先进行自定义。可以在机器人动作区域中的任意位置设定任意角度的工件坐标系。配天机器人的工件坐标系最多可建立32种，序号分别为0～31。

5.2.1 工件坐标系建立原理

工件坐标系的建立采用**三点法**：坐标系原点、X 轴方向点和 XY 平面点。XY 平面点是工件坐标 XY 平面内 Y 轴正方向一侧的点。

※ 工件坐标系建立原理

当原点确定后，用原点和 X 轴方向点来确定 X 轴正方向，用 XY 平面点来确定 Y 轴正方向，Z 轴正方向则根据右手规则确定，从而得到工件坐标系。图 5.4 所示为完成工件坐标系建立后的效果图。

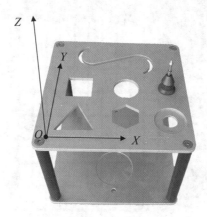

图 5.4　工件坐标系

5.2.2　工件坐标系建立步骤

创建完成工具坐标系后，需要在对应的工具坐标系下建立工件坐标，具体操作步骤见表 5.3。

※　工件坐标系建立步骤

表 5.3　工件坐标系建立

序号	图片示例	操作步骤
1	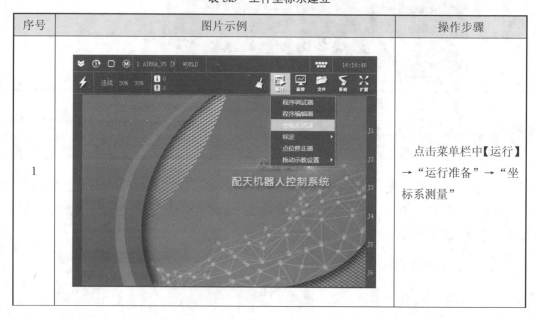	点击菜单栏中【运行】→"运行准备"→"坐标系测量"

续表 5.3

序号	图片示例	操作步骤
2	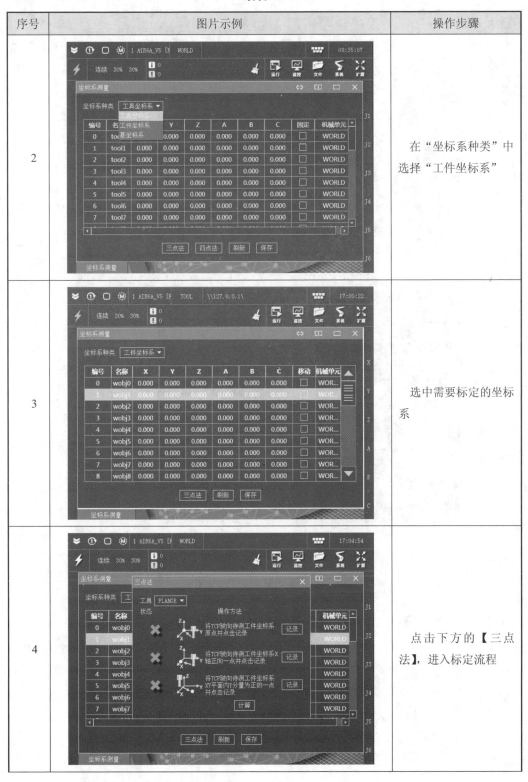	在"坐标系种类"中选择"工件坐标系"
3		选中需要标定的坐标系
4		点击下方的【三点法】，进入标定流程

续表 5.3

序号	图片示例	操作步骤
5	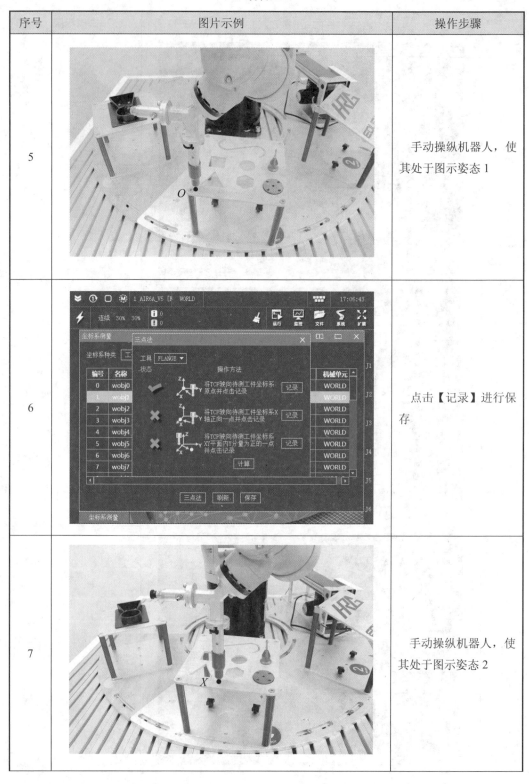	手动操纵机器人，使其处于图示姿态 1
6		点击【记录】进行保存
7		手动操纵机器人，使其处于图示姿态 2

续表 5.3

序号	图片示例	操作步骤
8	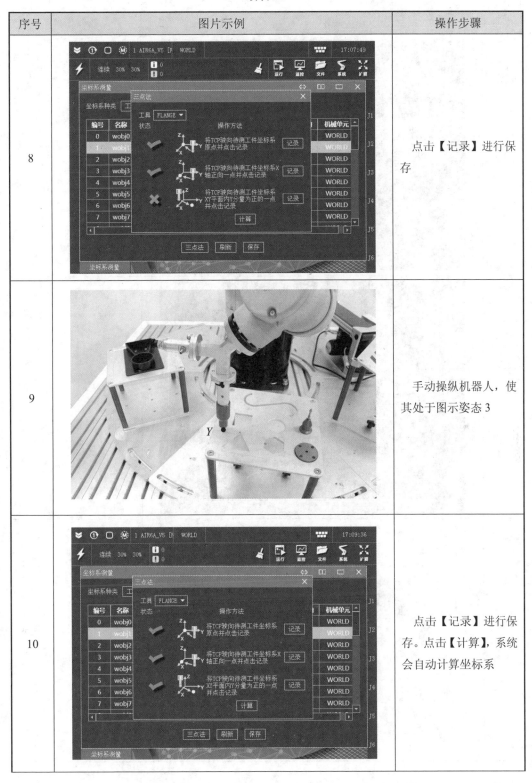	点击【记录】进行保存
9		手动操纵机器人，使其处于图示姿态 3
10		点击【记录】进行保存。点击【计算】，系统会自动计算坐标系

续表 5.3

序号	图片示例	操作步骤
11	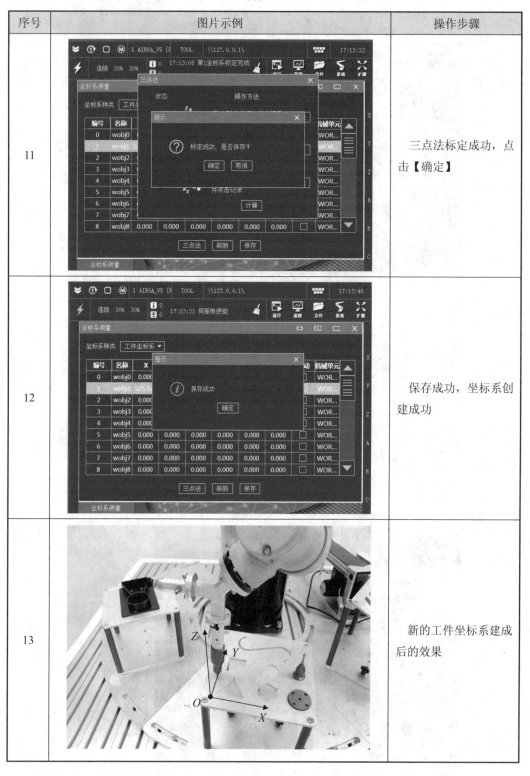	三点法标定成功，点击【确定】
12		保存成功，坐标系创建成功
13		新的工件坐标系建成后的效果

5.2.3 验证工件坐标系

第一步：点击菜单栏，在"设置 JOG 运行参数"界面将
运动模式选择为"笛卡尔模式"。

第二步：选择目标工具序号。在"设置 JOG 运行参数"
界面选择工具为"tool0"，坐标系选择为"wobj1"。

※ 工件坐标系验证

第三步：点击【轴操作】，使机器人末端移动至工件坐标系原点位置 O。

第四步：点击轴操作键【X+】，观察机器人行走路径是否沿着工件坐标系 X 轴正向边
缘移动。

第五步：点击轴操作键【Y+】，观察机器人行走路径是否沿着工件坐标系 Y 轴正向边
缘移动。

若在第四步、第五步中，机器人是沿着 X、Y 轴正向边缘移动，则新建的工件坐标系
创建正确；反之则为错误，需重新建立工件坐标系。

5.2.4 清除工件坐标数据

验证新建的工件坐标系后，若发生明显误差则不可用于生产实践，需要清除当前创建
的工件坐标系，进行重新创建。

清除工件坐标数据的具体操作步骤见表 5.4。

表 5.4 清除工件坐标数据

序号	图片示例	操作步骤
1	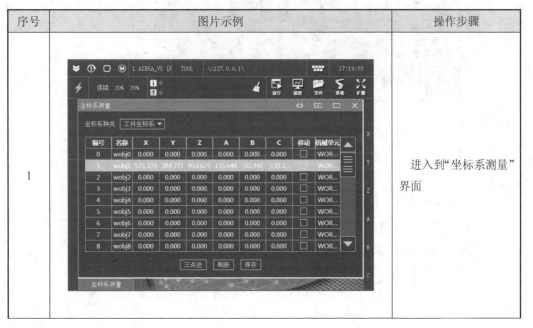	进入到"坐标系测量"界面

续表 5.4

序号	图片示例	操作步骤
2	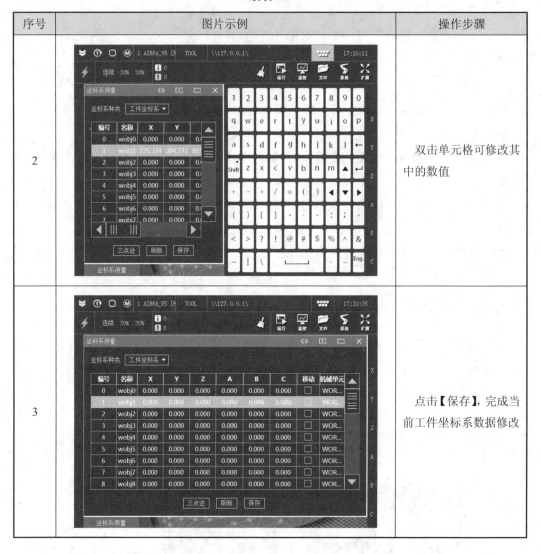	双击单元格可修改其中的数值
3		点击【保存】，完成当前工件坐标系数据修改

思考题

1. 工具坐标系标定方法有哪几种？
2. 简述工具坐标系建立步骤及验证方法。
3. 工件坐标系设置方法有哪几种？
4. 简述工件坐标系建立步骤及验证方法。

第6章　I/O 通信

6.1　I/O 种类

I/O 信号即输入/输出信号，是机器人与末端执行器、外部装置等系统的外围设备进行通信的电信号。配天机器人的 I/O 信号可分为 2 大类：系统 I/O 和用户 I/O。

※　IO 通信

6.1.1　系统 I/O

ARCCD10 型控制器 X23 接口为系统 I/O 接口，接口信号包括外部急停输入、急停输出、外部暂停、外部自动运行、安全栅栏状态、LED 灯塔、外部伺服开关、外部安全信号、程序号等信号，系统 I/O 接口各信号定义固定，用户不可配置。X23 接口在柜体侧是一个 DB50 的母端子，通过一根专用端子模块线缆连接到一个 50 pin 的端子台上。用户接线一般连接到端子台上。X23 接口实物如图 6.1 所示。X23 系统 I/O 信号定义参考列表见表 6.1。

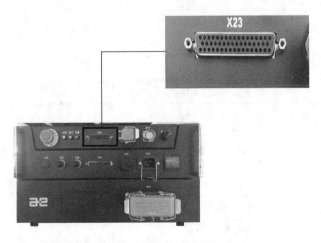

图 6.1　X23 接口实物图

表 6.1　X23 系统 I/O 信号列表

序号	引脚号	信号名称	信号意义	信号类型
1	1	DC+24 V_IN	程序号有效信号	电平输入
2	2	PGNO_VALID_DI		
3	3	DC+24 V_IN	外部清警告信号	电平输入
4	4	EX_Clear		
5	5	Barrier_CCB	安全栅栏	电平输入
6	6	GND_EX		
7	7	DC+24 V_IN	外部运行信号 外部暂停信号	电平输入
8	8	EX_RUN_INT		
9	9	EX_Pause_INT		
10	18	SERVO_ON_DO	上电状态输出	电平输出，高有效
11	19	GND_IN		
12	20	PGNQ_REQ_DO	请求程序号信号 DO 端	电平输出，高有效
13	21	GND_IN		
14	22	AT_T1_DO	手动低速模式	电平输出，高有效 Max 20 mA
15	23	AT_T2_DO	手动高速模式	
16	24	GND_IN	自动模式	
17	25	RunLED_Tower_CCB−	LED 灯塔运行灯信号	触点输出
18	26	RunLED_Tower_CCB+		
19	27	PowerLED_Tower_CCB−	LED 灯塔电源灯信号	触点输出
20	28	PowerLED_Tower_CCB+		
21	29	ErrorLED_Tower_CCB−	LED 灯塔告警灯信号	触点输出
22	30	ErrorLED_Tower_CCB+		
23	31	Buzzer_Tower_CCB−	峰鸣器信号	触点输出
24	32	Buzzer_Tower_CCB+		
25	34	Estop_CCB_OUT2-1	告警输出信号 2	触点输出
26	35	Estop_CCB_OUT2-2		
27	36	Estop_CCB_OUT1-1	告警输出信号 1	触点输出
28	37	Estop_CCB_OUT1-2		
29	46	EXAL_ARM1_DI	外轴 1 告警输入	电平输入
30	47	GND_IN	外轴 2 告警输入	电平输入
31	48	EX_ALARM2_DI		

X23 系统 I/O 接口中提供 LED 灯塔、蜂鸣器、急停输出、上电状态输出等输出信号，信号使用方式如图 6.2（端子台侧）所示。

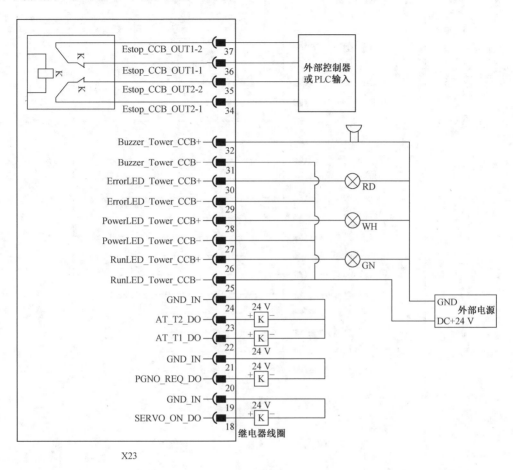

图 6.2   X23 系统 I/O 输出信号（端子台侧）

手动高速、手动低速、自动模式输出组合方式参考表 6.2。

表 6.2   手动高速、手动低速、自动模式输出组合

		AT_T1_DO	
		高电平	低电平
AT_T2_DO	高电平		手动高速模式
	低电平	手动低速模式	自动模式

X23 系统 I/O 接口中提供外部暂停、外部运行、外部清告警、外部上下电、程序号位灯输入信号，信号使用方式如图 6.3 所示。

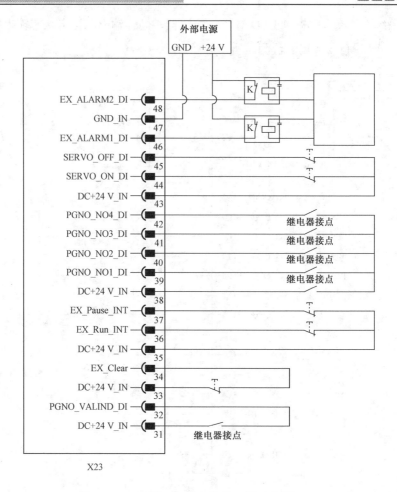

图 6.3　X23 系统 I/O 输入信号（端子台侧）

6.1.2　用户 I/O

ARCCD10 型控制器为用户提供 16 路 DI 和 16 路 DO 接口。使用 DI、DO 接口时，须使用外部电源。X24 接口在柜体侧是一个 DB62 的母端子，通过一根用户 I/O 端子模块线缆连接到一个 50 pin 的端子台上。用户接线时一般连接到端子台上。X24 接口实物如图 6.4 所示。

可将 PNP 传感器信号、开关信号、继电器接点信号作为用户 DI 的输入信号。ARCCD10 型控制器支持 PNP 型传感器输入，当使用 NPN 型传感器时，需要用继电器进行转换。

ARCCD10 型控制器为用户提供 16 路 DO 接口，其中 DO1~12 为晶体管输出，最大电流为 160 mA；DO13~16 为继电器输出，最大电流为 500 mA。当用户使用 DO 接口时，须使用外部电源。

本节以光电传感器的输入信号和电磁阀的输出信号为例，介绍 I/O 硬件连接。

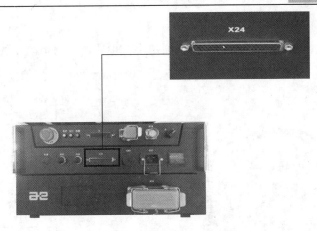

图 6.4 X24 接口实物图

（1）光电传感器输入信号连接。

CX441-P 型光电传感器的棕色线接入外部电源 24 V，蓝色线接入外部电源 0 V，黑色线接入外围设备接口的 1 号脚，如图 6.5 所示。

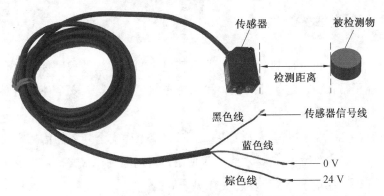

（a）CX441-P 型光电传感器实物图

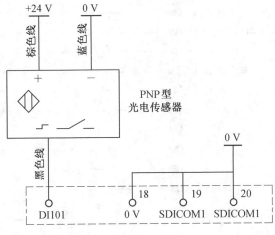

（b）电气原理图

图 6.5 机器人输入信号接线方式

（2）电磁阀输出信号的连接。

亚德客 5V110-06 型电磁阀为二位五通单电控电磁阀。将电磁阀线圈的两根线分别连接至外部电源+24 V 和 X24 接口 DO12 引脚，如图 6.6 所示。

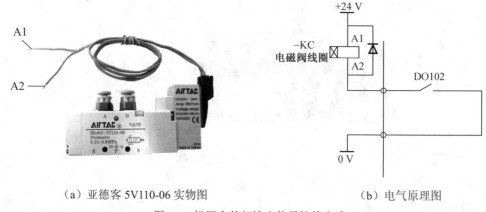

（a）亚德客 5V110-06 实物图　　　　　　（b）电气原理图

图 6.6　机器人外部输出信号接线方式

6.2　机器人系统安全

机器人系统（操作机、控制器、示教器及其包含的全部软件和硬件）只有构架起外围设备和系统才能正常作业。这些外围设备和系统必须包括机器人安全使用所必需的安全栅栏、外部急停装置、外部安全输入装置。

ARCCD10 型控制器 X23 系统 I/O 接口中固定了上述安全装置的信号定义，只有将上述安全信号接入 X23 接口，控制器才能正常使用，否则控制器报警。X23 安全信号的连接如图 6.7 所示，图中引脚号的名称及意义详见表 6.3。

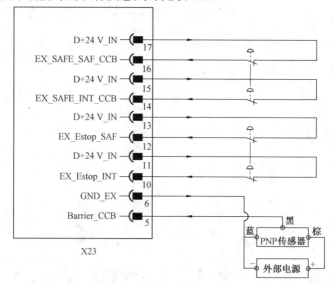

图 6.7　X23 安全输入信号接线方式

表 6.3 安全输入信号说明

序号	引脚号	信号名称	信号意义	信号类型
1	5	Barrier_CCB	安全栅栏	电平输入，高有效
2	6	GND_EX		
3	10	EX_EStop_INT	外部急停 （双路备份）	电平输入，高有效
4	11	D+24 V_IN		
5	12	EX_EStop_INT		
6	13	D+24 V_IN		
7	14	EX_SAFE_INT_CCB	外部安全 （双路备份）	电平输入，高有效
8	15	D+24 V_IN		
9	16	EX_SAFE_INT_CCB		
10	17	D+24 V_IN		

6.3 机器人本体用户 I/O 接口

6.3.1 硬件

机器人本体用户 I/O 接口为机器人机械臂上的信号接口，主要用来控制和检测机器人末端执行器的信号，如图 6.8 所示。

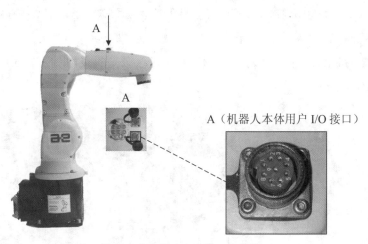

图 6.8 机器人本体用户 I/O 接口实物图

机器人本体用户 I/O 接口共有 9 个信号：5 个机器人输入信号、2 个机器人输出信号、2 个电源信号。它的引脚排列如图 6.9 所示，其中"8"号引脚为"24 V"，"9"号引脚为"GND"。

（a）航空插头实物图   （b）引脚图

图 6.9   机器人末端信号应用实例

机器人本体用户 I/O 接口各引脚功能见表 6.4。

表 6.4   接口引脚功能

引脚号	信号名称	信号类型	引脚号	信号名称	信号类型
1	DI1	输入信号	6	DO1	输出信号
2	DI2	输入信号	7	DO2	输出信号
3	DI3	输入信号	8	24 V	高电平
4	DI4	输入信号	9	GND	低电平
5	DI5	输入信号	—	—	—

6.3.2   机器人本体用户 I/O 应用实例

本节以 KYD650N5-T1030 型红光点状激光器为例，介绍机器人 I/O 的输出信号硬件连接方式。将激光器的红色线接至接口的"6 号"引脚（红色线为信号线），白色线为"0 V 电源线"，连接至接口的"9 号"引脚。红光点状激光器实物图如图 6.10（a）所示，电气原理图如图 6.9（b）所示。

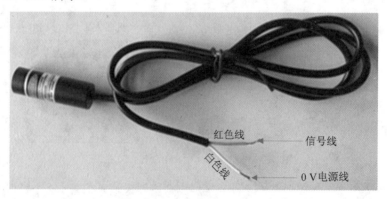

（a）红光点状激光器实物图

图 6.10   红光点状激光器

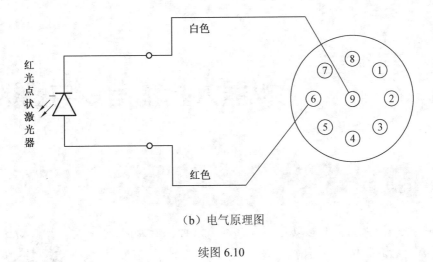

（b）电气原理图

续图 6.10

 思考题

1. 通用信号有几路输入/输出？

2. 通用 I/O 和系统 I/O 各包括哪些？

3. 怎样配置 I/O 和外部进行关联？

4. 简述安全信号如何接线。

第 7 章

机器人基本指令与函数

7.1 动作指令

动作指令是指以指定的移动速度和移动方法使机器人向作业空间内的指定位置移动的指令。

动作指令包含 4 个部分：动作类型、目标位置、运动速度和平滑距离，如图 7.1 所示。

※ 动作指令

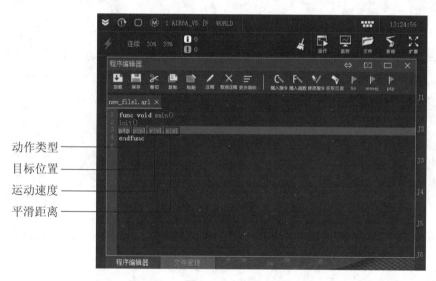

图 7.1　动作指令

7.1.1　动作类型

动作类型用于描述向指定位置的移动轨迹。机器人的动作类型有 4 种：**关节运动、直线运动、圆弧运动和点到点运动**。

机器人关节运动与直线运动如图 7.2 所示。

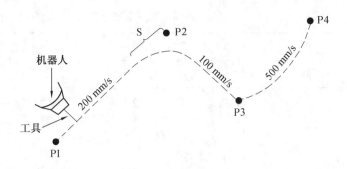

图 7.2　机器人直线运动与关节运动示意图

1. 关节运动指令（movej）

关节运动是指机器人用最快捷的方式运动至目标点。此时机器人运动状态不完全可控，但运动路径保持唯一。常用于机器人在空间无障碍的大范围移动，如图 7.2 中的 P3 点到 P4 点。关节运动指令的具体使用方法见表 7.1。

表 7.1　关节运动指令的使用

	描述	将机器人轴或外轴移动到一个指定的目标位置。所有轴同时到达目标轴位置
	格式	movej j,[v],[s],[dura:]
movej	参数	j：指定机器人各轴和外轴的目标点位置。记录每个轴的角度
		v：运动速度。表示轴最大速度百分比，取值范围为 0.001～100
		s：平滑距离。相关介绍详见 7.1.2 小节
		dura：轨迹时间，单位为 s。用户可以直接指定运动时间而不是运动速度。如果用户指定了该参数，系统将忽略运动速度参数，而通过自动调整速度来满足该参数指定的时间要求
	例句	movej j1,v1,s1

2. 直线运动指令（lin）

直线运动是指机器人以直线的方式运动至目标点。当前点与目标点决定一条直线，机器人运动状态可控，且运动路径唯一，但可能出现奇点，如图 7.2 中 P1 点到 P2 点。常用于机器人在工作状态下移动。直线运动指令的具体使用方法见表 7.2。

表 7.2　直线运动指令的使用

lin	描述	机器人 TCP 沿直线路径运动到目标位姿；位置移动和姿态转动同步
	格式	lin p,[v],[s],[t],[w],[dura:]
	参数	p：机器人 TCP 目标位姿和外轴的目标点位置
		v：指定运动速度
		s：平滑距离
		t：工具坐标系
		w：工件坐标系
		dura：轨迹时间，单位为 s。用户可以直接指定运动时间而不是运动速度。如果用户指定了该参数，系统将忽略运动速度参数，而通过自动调整速度来满足该参数指定的时间要求
	例句	lin p:p2,v:v2,s:s2,t:$1,w:$1

3. 圆弧运动指令（cir）

圆弧运动是指机器人通过中间点以圆弧移动方式运动至目标点。它包括 3 个点：起始点 P4、圆弧上点 P5 和终点 P6，这 3 点确定一段圆弧，如图 7.3 所示。机器人运动状态可控制，运动路径保持唯一。圆弧运动指令的具体使用方法见表 7.3。

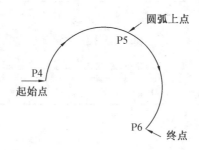

图 7.3　圆弧运动

表 7.3　圆弧运动指令的使用

cir	描述	机器人 TCP 沿圆弧路径运动到目标位姿；位置移动和姿态转动同步
	格式	cir m,p,[v],[s],[t],[w],[CA:],[dura:]
	参数	m：圆弧辅助点
		p：机器人 TCP 目标位姿和外轴的目标点位置
		v：运动速度
		s：平滑距离
		t：工具坐标系
		w：工件坐标系
		CA：圆心角，单位为度。用户可以不直接指定目标点，而通过指定圆弧转过的圆心角的方式来指定目标点。如果用户指定了 CA 参数，则 p 参数只用来和辅助点一起确定圆弧的几何形状，而不是真正的目标点，系统通过用户指定的圆心角自动计算真正的目标点
		dura:轨迹时间，单位为 s。用户可以直接指定运动时间而不是运动速度。如果用户指定了该参数，系统将忽略运动速度参数，而通过自动调整速度来满足该参数指定的时间要求
	例句	cir m:p5,p:p6,v:v1,s:s1,t:$1,w:$1,CA:360

4. 点到点运动指令（ptp）

点到点运动是指机器人从一个点快速运动到另一个点而又不要求 TCP 所走轨迹形状时，所有轴同时到达目标点。点到点运动指令的具体使用方法见表 7.4。

表 7.4　点到点运动指令的使用

ptp	描述	ptp 指令用于将机器人从一个点快速运动到另一个点而又不要求 TCP 所走轨迹形状时，所有轴同时到达目标点
	格式	ptp p,[v],[s],[t],[w],[dura:]
	参数	p：机器人 TCP 目标位姿和外轴的目标点位置
		v：指定运动速度
		s：平滑距离
		t：工具坐标系
		w：工件坐标系
		dura：轨迹时间，单位为 s。用户可以直接指定运动时间而不是运动速度。如果用户指定了该参数，系统将忽略运动速度参数，而通过自动调整速度来满足该参数指定的时间要求
	例句	ptp p:p2,v:v2,s:s2,t:$1,w:$1

7.1.2　平滑距离

机器人示教再现时，其实际运动位置与示教的目标位置不一定重合，而是由平滑距离来确定。在机器人运动过程中，如果某个目标位置没有实际的作业动作，可以通过平滑距离控制机器人平滑渡过该位置，使机器人运动流畅，减少停顿时间。

机器人的运动指令不同，其平滑距离含义也不同。

➤ ptp 和 movej 指令的平滑距离，表示最慢主轴距离目标点多少度时开始平滑。

➤ lin 和 cir 指令的平滑距离，表示 TCP 距离目标点多少毫米时开始平滑。

7.2　输入输出函数

输入输出函数是改变向外围设备的输出信号状态，或读取输入信号状态的函数。常用的输入输出函数有如下 2 种。

※　输入输出函数

1. setdo（数字量输出）

当机器人执行该函数是，机器人向外部发出 true/false 信号。

数字量输出信号主要用于和外部上位机进行信号交互或控制外围夹具等，该函数在程序中经常被频繁使用。setdo 函数的具体使用方法见表 7.5。

表 7.5　setdo 数字量输出

setdo(A,B)	功能	将输出通道 A 置位或复位
	参数	A：表示输出通道号
		B：值为 true 或 false
	例句	setdo(3,true) 将输出通道 3 置为 true
setdo(A1,A2,B)	功能	将 A1 和 A2 之间通道置位或复位
	参数	A1：表示输出起始通道号
		A2：表示输出结束通道号
		B：值为 true 或 false
	例句	setdo(5,8,1100b) 将输出通道 5 和通道 6 置为 false，输出通道 7 和通道 8 置为 true

2. getdi（数字量输入）

当外部输入信号与指定状态达到一致前，始终处于待机状态。

输入信号通常用于判断外部设备给机器人发送的信号，只有外围设备满足某个条件才可以让机器人继续运行。getdi 函数的具体使用方法见表 7.6。

表 7.6　getdi 数字量输入

getdi(A)	功能	获取通道 A 的值
	参数	A：表示输入通道号
	例句	getdi(3) 获取通道 3 的值

7.3　逻辑控制指令

1. if-else：条件语句

条件语句用于判断各种条件，当满足相应条件时，才执行对应程序。

If-else 指令的具体使用方法见表 7.7。

※　逻辑控制指令

表 7.7　if -else 指令的使用

if -else	描述	判断各种条件，满足相应条件时，才执行对应程序

	例句	if (getdi(3))
		test1( )
		else
		test2( )

	例句说明	当 getdi(3) 为 true 时执行函数"test1( )"；否则执行函数"test2( )"

2. while：循环执行语句

循环执行语句用于判断各种条件，循环执行程序。While 指令的具体使用样例如图 7.4 所示，当 a<3 时，一直执行函数"test1( )"。

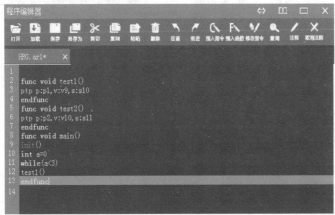

图 7.4　循环语句使用

while 指令的具体使用方法见表 7.8。

表 7.8　while 指令的使用

while	描述	判断各种条件，当满足相应条件时，循环执行对应程序

	例句	int a = 0
		while(a<3)
		test1( )
		endwhile

	例句说明	由于 a=0，满足 a<3 条件，故一直执行函数"test1( )"

7.4　辅助指令

1. 速度调节指令（velset）

　　编程规划速度倍率用于运动规划，程序运行中操作示教器进行速度倍率调节，在此基础上，机器人运行的实际速度倍率是规划速度倍率和示教器速度倍率的乘积。速度调节指令的具体使用方法见表 7.9。

※　辅助指令

表 7.9　速度调节指令的使用

velset	描述	用于降低或提升所有运动指令的编程规划速度倍率，也可用于设置运动段最大速度
	参数	override:编程规划速度倍率的百分比值，包括轴速度、TCP 速度、ORI 速度，100%表示使用预设速度，参数取值范围为 0～100 max:编程规划的最大 TCP 速度，单位为 mm/s
	例句	velset 50,800 所有编程规划速度降低到程序设定速度的 50%，TCP 速度在任何情况下不允许超过 800 mm/s

2. 加速度调节指令（accset）

加速度调节指令的具体使用方法，见表 7.10。

表 7.10　加速度调节指令的使用

accset	描述	调节机器人运动的加速度和加加速度，常用于机器人夹持易碎负载时，可允许较低的加速度和减速度，结果使机器人运动更加柔顺
	参数	acc：机器人实际加速度和减速度相对于最大值的百分比，100%表示使用系统最大加速度。最大值为 100%，指令输入小于 20%时，取 20%作为实际值
		ramp：机器人实际加加速度相对于最大值的百分比，100%表示使用系统最大加加速度。最大值为 100%，指令输入小于 10%时，取 10%作为实际值
	例句	accset 50, 40 加速度限制到最大值的 50%，加加速度限制到最大值的 40%

 思考题

1. 配天机器人的主要指令有哪些？

2. 配天机器人的基本运动指令的作用是什么？

3. 输入输出函数有几种？

第8章 机器人编程基础

8.1 程序构成

机器人应用程序由用户编写的一系列机器人运动指令以及其他附带信息构成，使机器人完成特定的作业任务。程序除了记述机器人如何进行作业的程序信息外，还包括程序属性等详细信息。

❈ 程序构成

8.1.1 文件管理

文件管理器向用户提供了新建文件或文件夹、删除文件或文件夹、复制和粘贴文件或文件夹等文件操作功能。文件管理器的界面如图8.1所示，初始显示目录为程序存放目录。

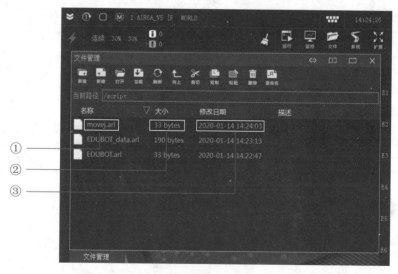

图8.1 文件管理器界面

文件管理器界面说明如下。

①程序名称：用来区别存储在控制器内的程序，在相同控制器内不能创建相同的程序名称。

②程序大小：显示程序占用的存储空间大小。

③修改日期：用来显示当前程序创建的日期及具体时间（精确到秒）。

8.1.2　程序编辑器

程序编辑画面如图 8.2 所示。

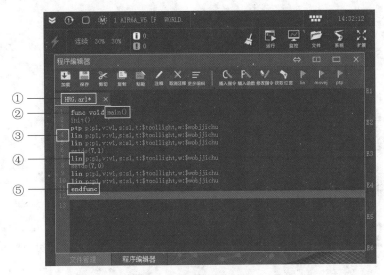

图 8.2　程序编辑画面

程序编辑画面说明如下。

①程序名称：显示当前编辑的程序名称。

②主函数：程序执行的起点。

③行号码：用来记述程序各指令的行编号。

④动作指令：以指定的移动速度和移动方法使机器人向作业空间内的指定位置移动的指令。

⑤程序末尾记号：程序结束标记，表示本指令后面没有程序指令。

8.2　程序编辑

用户在创建程序前，需要对程序的概要进行设计，需要考虑机器人执行所期望作业的最有效方法，在完成概要设计后，即可使用相应的机器人指令来创建程序。

❋　程序编辑

程序的创建一般通过示教器进行。在对动作指令进行创建时，通过示教器手动进行操作，控制机器人运动至目标位置，然后根据期望的运动类型进行程序指令记述。程序创建结束后，可通过示教器根据需要来修改程序。程序编辑包括对指令的更改、追加、删除、复制、替换等。

8.2.1　程序创建

进入安全围栏内示教机器人时，需遵守相应安全守则（具体见 2.1 节内容）。在示教机器人进行程序创建之前，需要建立合适的工件坐标系以及相应的工具坐标系。程序创建的具体步骤见表 8.1。

表 8.1　创建程序

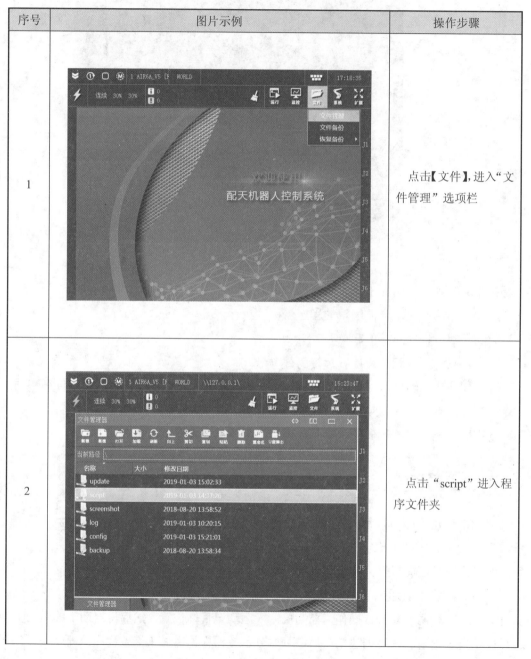

序号	图片示例	操作步骤
1		点击【文件】，进入"文件管理"选项栏
2		点击"script"进入程序文件夹

续表 8.1

序号	图片示例	操作步骤
3	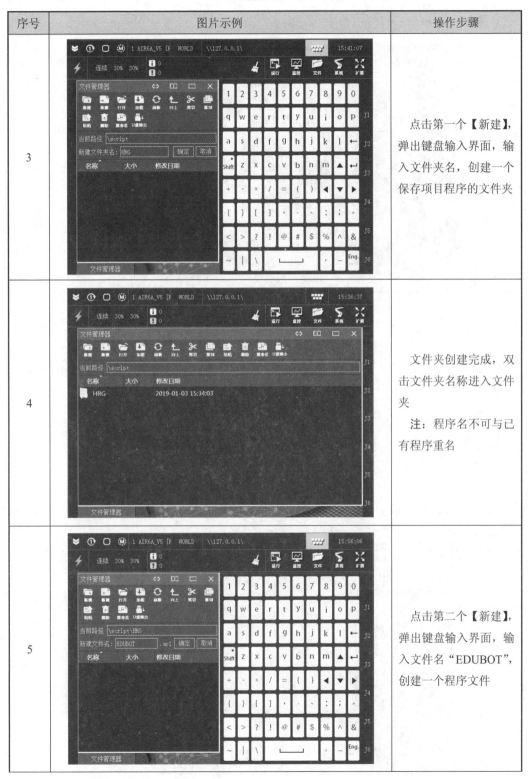	点击第一个【新建】，弹出键盘输入界面，输入文件夹名，创建一个保存项目程序的文件夹
4		文件夹创建完成，双击文件夹名称进入文件夹 注：程序名不可与已有程序重名
5		点击第二个【新建】，弹出键盘输入界面，输入文件名"EDUBOT"，创建一个程序文件

续表 8.1

序号	图片示例	操作步骤
6	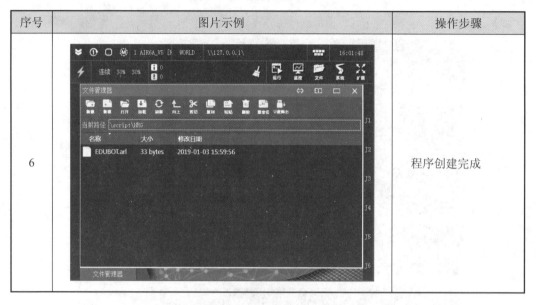	程序创建完成

8.2.2 程序修改

在完成创建一条机器人运动程序后，有时根据实际需要，要进行程序修改，如程序的复制和删除等。

1. 程序的复制

新的程序需要在已有程序的基础上进行编程，这时可以复制已有程序并将其命名为新程序名称，具体的操作步骤见表 8.2。

表 8.2 程序复制

序号	图片示例	操作步骤
1		点击【文件】，进入"文件管理"选项栏

续表 8.2

序号	图片示例	操作步骤
2	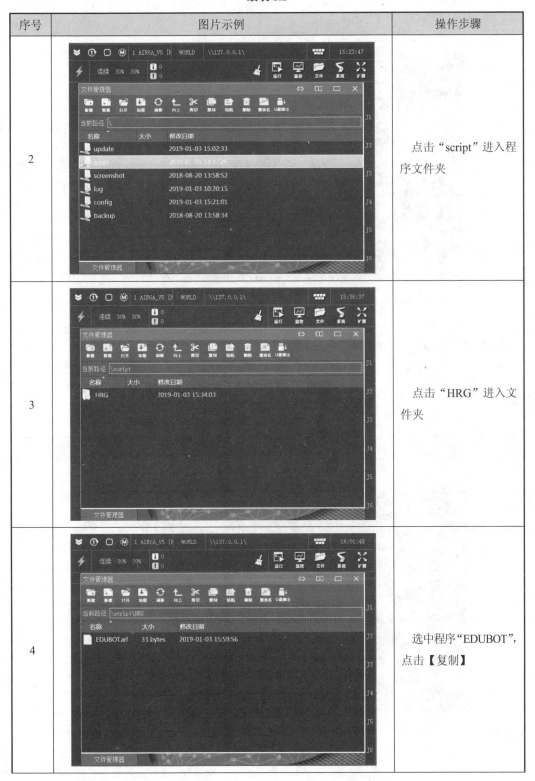	点击"script"进入程序文件夹
3		点击"HRG"进入文件夹
4		选中程序"EDUBOT",点击【复制】

续表 8.2

序号	图片示例	操作步骤
5	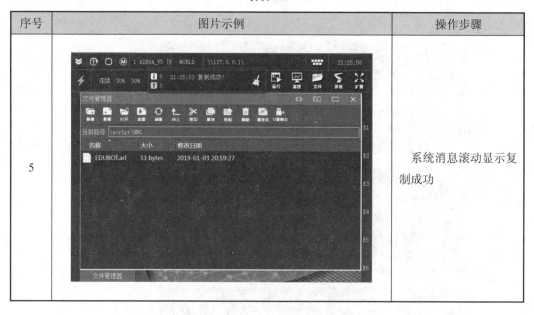	系统消息滚动显示复制成功

2. 程序的删除

若创建的程序有错误或者需要对已经创建的程序进行删除时，可以选择删除程序。程序删除的具体步骤见表 8.3。

表 8.3　程序删除

序号	图片示例	操作步骤
1	配天机器人控制系统	点击【文件】，进入文件管理选项栏

续表 8.3

序号	图片示例	操作步骤
2	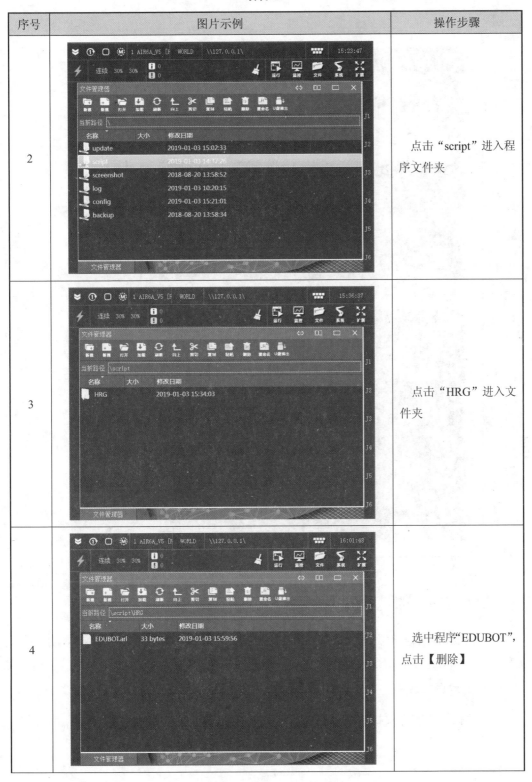	点击"script"进入程序文件夹
3		点击"HRG"进入文件夹
4		选中程序"EDUBOT"，点击【删除】

续表 **8.3**

序号	图片示例	操作步骤
5	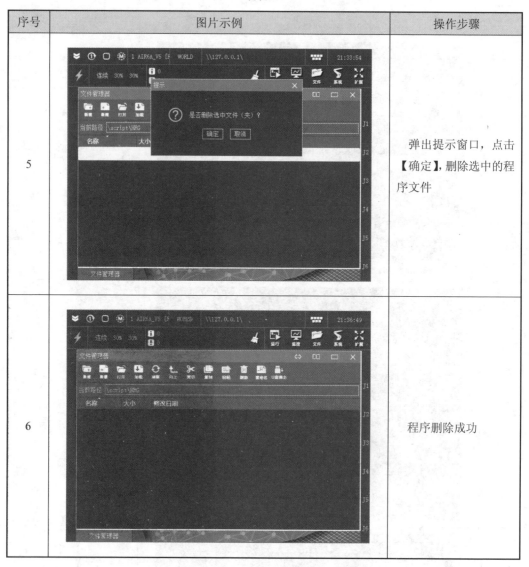	弹出提示窗口，点击【确定】，删除选中的程序文件
6		程序删除成功

8.2.3　指令编辑

程序创建完成后，有时需要对一些不合理的指令进行修改，如位置数据、动作类型、位置变量、移动速度及指令的复制和删除等。

1. 位置数据修改

位置数据修改的主要目的是将已设定的位置点进行修改以达到想要的位置，程序被修改之后原先程序将被覆盖。位置数据修改的具体步骤见表 8.4。

表 8.4 位置数据修改

序号	图片示例	操作步骤
1	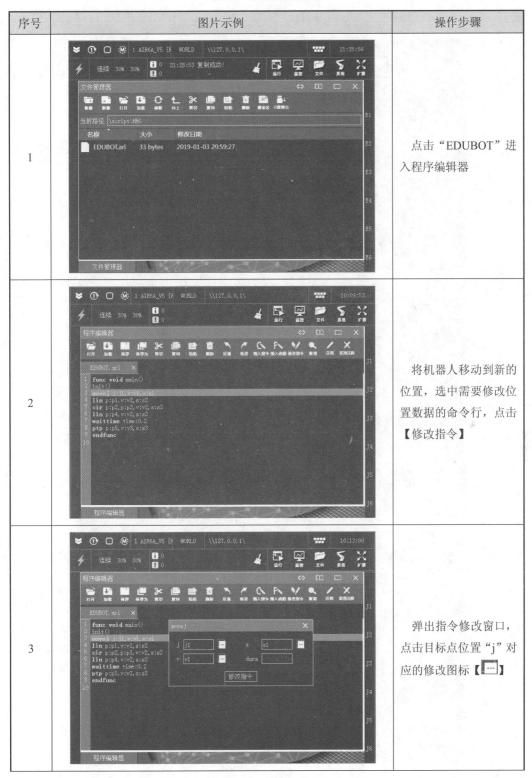	点击"EDUBOT"进入程序编辑器
2		将机器人移动到新的位置，选中需要修改位置数据的命令行，点击【修改指令】
3		弹出指令修改窗口，点击目标点位置"j"对应的修改图标【 ⋯ 】

续表 8.4

序号	图片示例	操作步骤
4	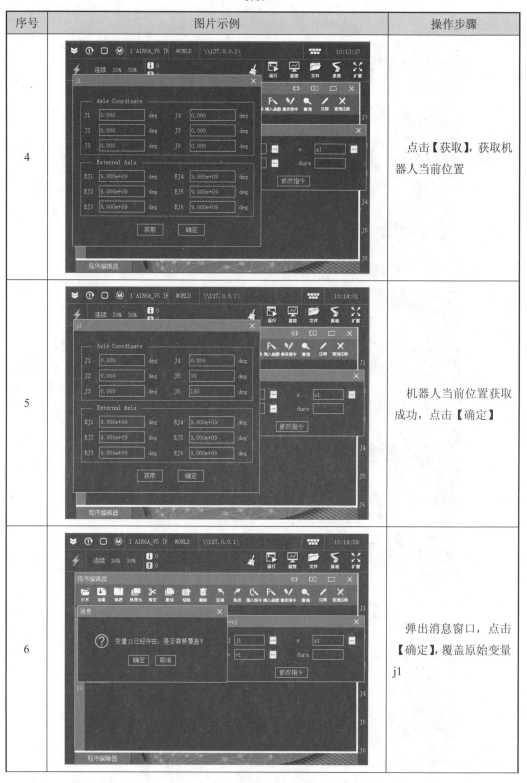	点击【获取】，获取机器人当前位置
5		机器人当前位置获取成功，点击【确定】
6		弹出消息窗口，点击【确定】，覆盖原始变量 j1

续表 8.4

序号	图片示例	操作步骤
7	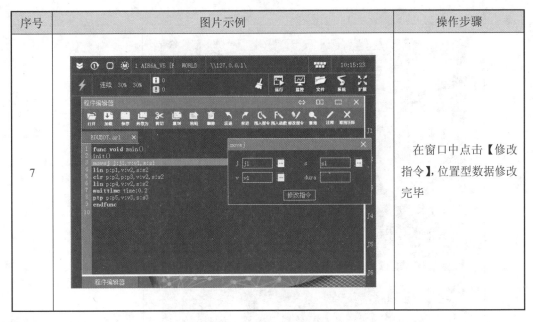	在窗口中点击【修改指令】，位置型数据修改完毕

2. 位置变量使用

位置变量属于用户变量的一种，是将机器人当前位置记录到对应的变量寄存程序中，以方便在程序中调用。修改位置变量的具体步骤见表 8.5。

表 8.5　修改位置变量

序号	图片示例	操作步骤
1		点击"EDUBOT_data"进入变量寄存程序

续表 8.5

序号	图片示例	操作步骤
2	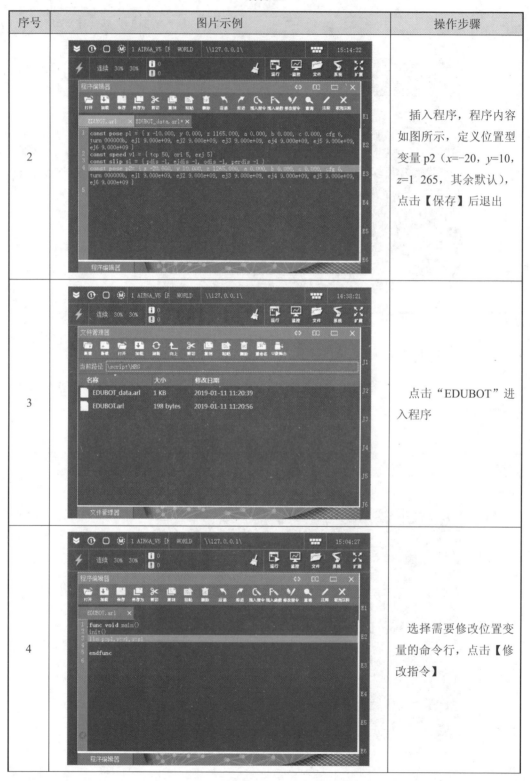	插入程序，程序内容如图所示，定义位置型变量 p2（$x=-20$，$y=10$，$z=1\ 265$，其余默认），点击【保存】后退出
3		点击"EDUBOT"进入程序
4		选择需要修改位置变量的命令行，点击【修改指令】

续表8.5

序号	图片示例	操作步骤
5	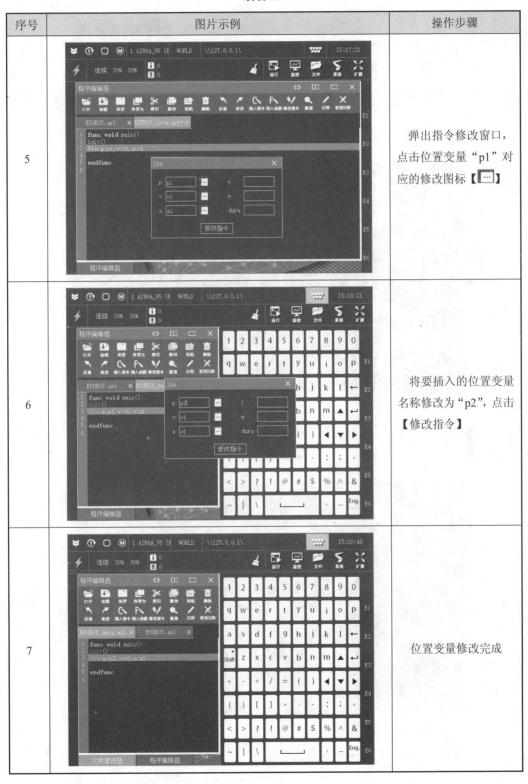	弹出指令修改窗口，点击位置变量"p1"对应的修改图标【 】
6		将要插入的位置变量名称修改为"p2"，点击【修改指令】
7		位置变量修改完成

3. 速度修改

在实际生产中，机器人运动速度随着工艺要求而设定，合理的速度有利于工作节拍的优化。修改移动速度的具体步骤见表8.6。

表8.6　速度修改

序号	图片示例	操作步骤
1	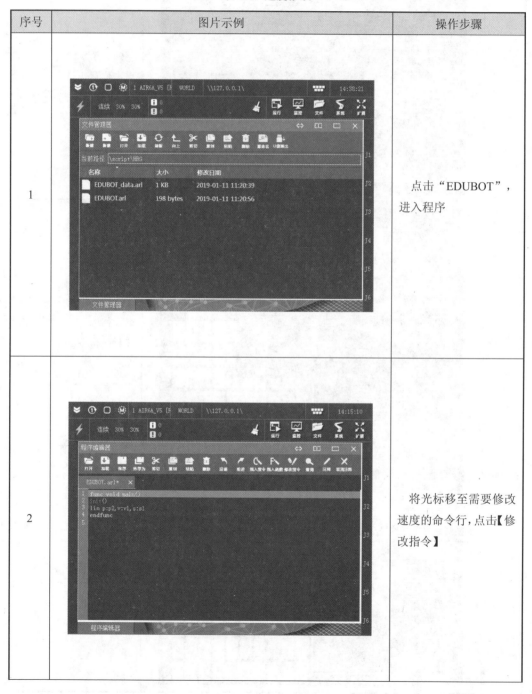	点击"EDUBOT"，进入程序
2		将光标移至需要修改速度的命令行，点击【修改指令】

续表 8.6

序号	图片示例	操作步骤
3	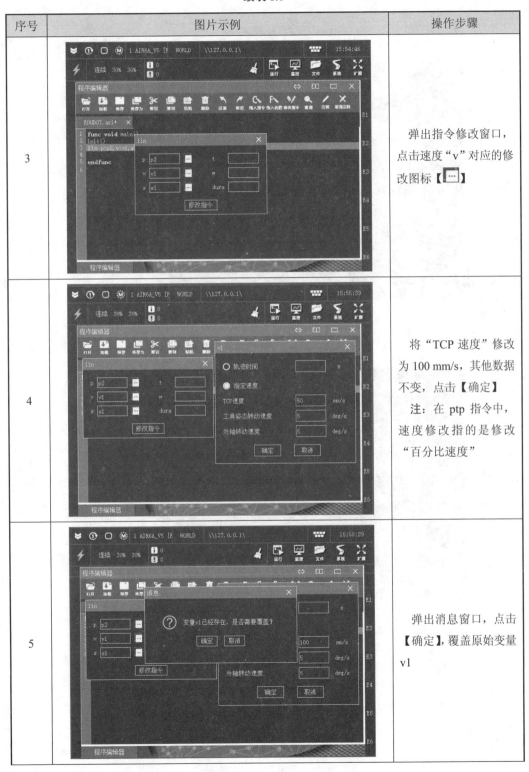	弹出指令修改窗口，点击速度"v"对应的修改图标【▢】
4		将"TCP 速度"修改为 100 mm/s，其他数据不变，点击【确定】 注：在 ptp 指令中，速度修改指的是修改"百分比速度"
5		弹出消息窗口，点击【确定】，覆盖原始变量 v1

续表8.6

序号	图片示例	操作步骤
6	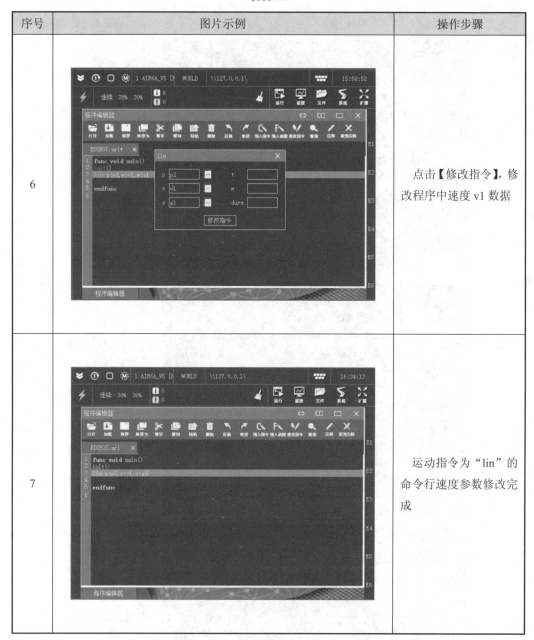	点击【修改指令】，修改程序中速度 v1 数据
7		运动指令为"lin"的命令行速度参数修改完成

4. 平滑距离修改

在实际生产中，机器人平滑距离随着加工工艺要求而设定，合理的平滑距离有利于提高效率。修改平滑距离的具体步骤见表8.7。

表 8.7　平滑距离修改

序号	图片示例	操作步骤
1	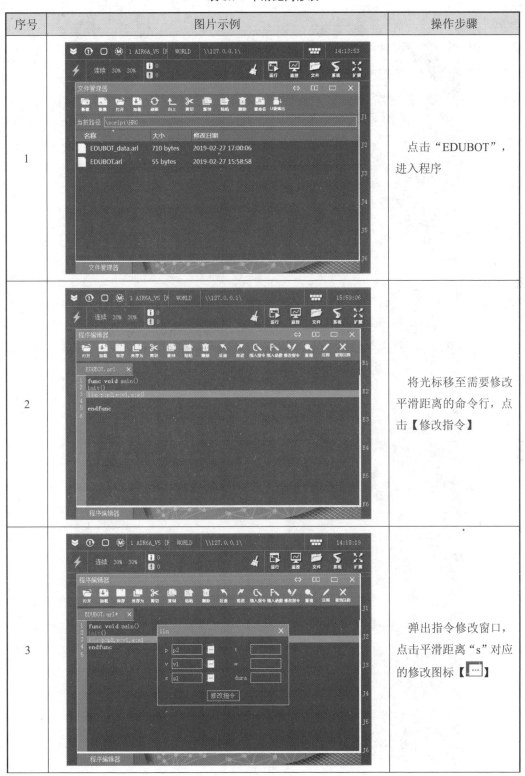	点击 "EDUBOT"，进入程序
2		将光标移至需要修改平滑距离的命令行，点击【修改指令】
3		弹出指令修改窗口，点击平滑距离 "s" 对应的修改图标【…】

续表 8.7

序号	图片示例	操作步骤
4	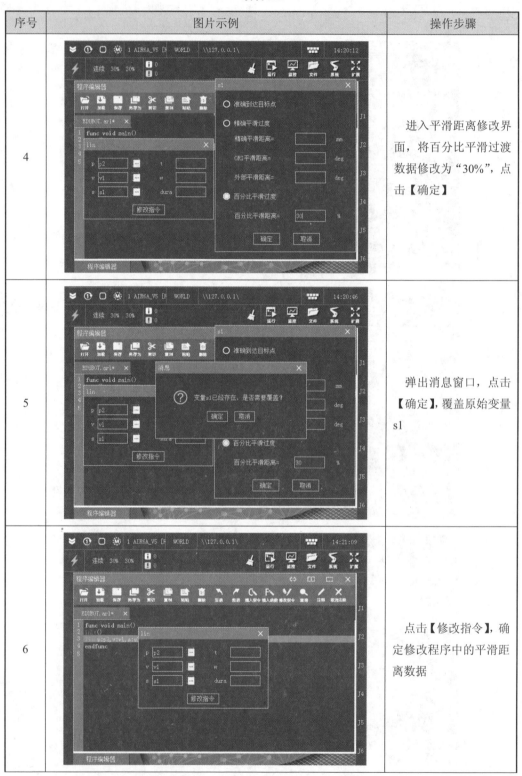	进入平滑距离修改界面，将百分比平滑过渡数据修改为"30%"，点击【确定】
5		弹出消息窗口，点击【确定】，覆盖原始变量 s1
6		点击【修改指令】，确定修改程序中的平滑距离数据

续表 8.7

序号	图片示例	操作步骤
7	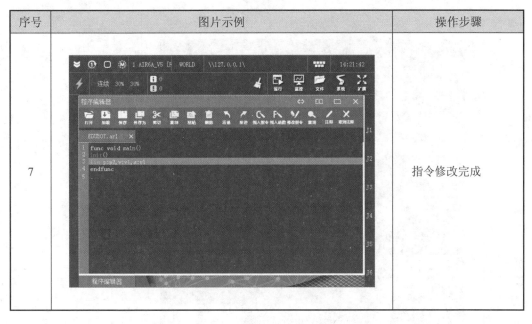	指令修改完成

5. 指令复制

指令复制主要用于在同一程序中，多处用到相同指令时，通过复制减少再次编程的麻烦，能快速有效地达到所需的目的。复制指令的具体操作步骤见表 8.8。

表 8.8   复制指令

序号	图片示例	操作步骤
1		点击"EDUBOT"， 进入程序。

续表 8.8

序号	图片示例	操作步骤
2	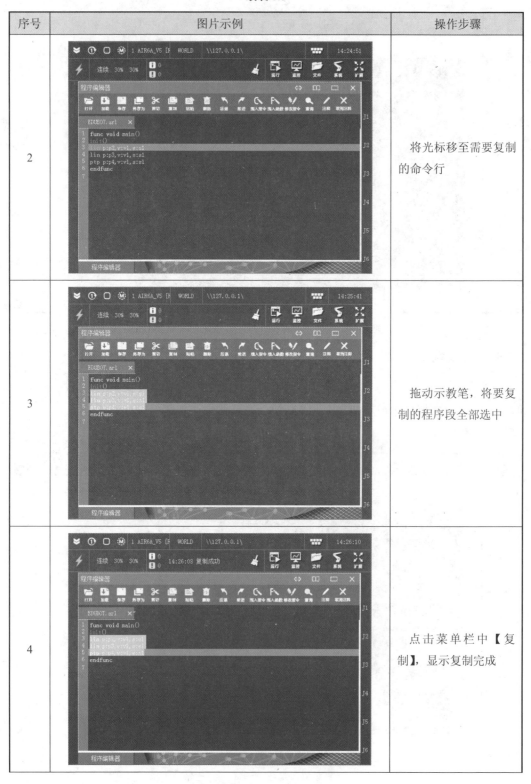	将光标移至需要复制的命令行
3		拖动示教笔，将要复制的程序段全部选中
4		点击菜单栏中【复制】，显示复制完成

续表 8.8

序号	图片示例	操作步骤
5	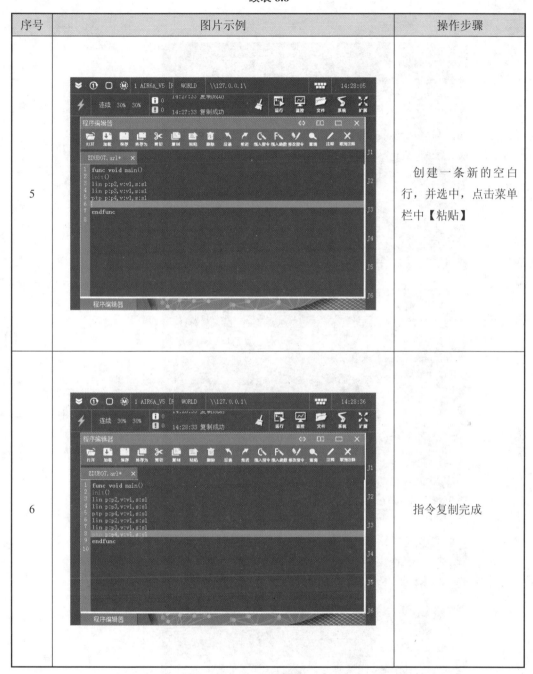	创建一条新的空白行，并选中，点击菜单栏中【粘贴】
6		指令复制完成

6. 指令剪切

剪切功能可以将冗余或错误的程序进行删除。剪切功能用于程序的移动，同时删除原选中程序，剪切指令的具体步骤见表 8.9。

表 8.9　剪切指令

序号	图片示例	操作步骤
1	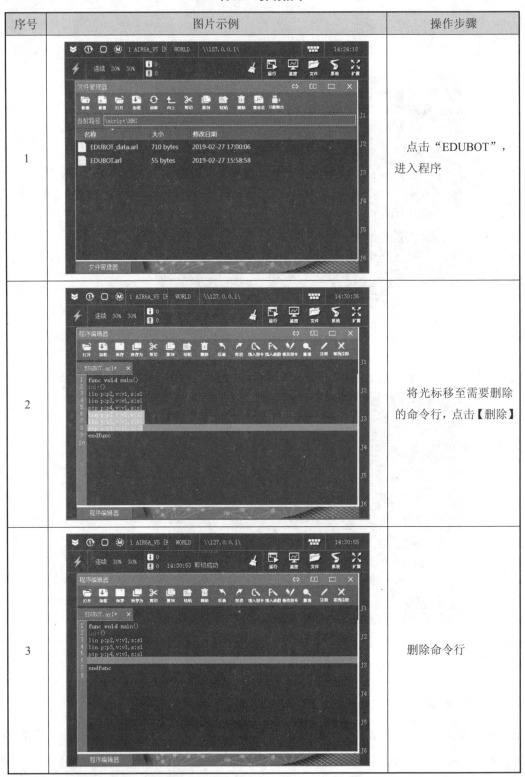	点击"EDUBOT"，进入程序
2		将光标移至需要删除的命令行，点击【删除】
3		删除命令行

8.3　程序执行

在执行相关运动程序时，需要在执行前做出相应的检查以及进行试运行。当在执行过程中出现程序的停止或者发生报警错误时，需要采取相关的操作使机器人安全运行。

※　程序执行

8.3.1　急停操作及恢复

急停按钮主要在机器人运行异常或紧急情况下使用，防止对人员造成伤害。

1. 急停处理方式

通过示教器或控制器上的急停按钮，使处于异常状态下的机器人立刻停止运行，此时伺服电源切断，执行中的程序立刻被中断。急停按钮的具体位置如图 8.3 所示。

急停按钮

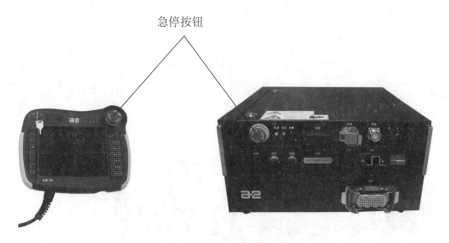

图 8.3　急停按钮

2. 再次接通伺服电源的方法

将示教器或控制器上的急停按钮顺时针旋转以解除急停，点击示教器上的【 ◢ 】图标，解除报警，并握住示教器上的使能按键，使伺服电源再次接通。

3. 急停后再启动

机器人急停解除后，在重新启动前，需在低速模式下单步执行程序，以确认程序是否正确以及工装夹具等是否存在干涉等。

再次启动程序时，机器人应处于安全位置，否则可能发生干涉或碰撞等情况。

8.3.2　程序执行

执行程序即控制机器人按照所示教的程序进行指令执行。

1. 程序执行前的检查

在执行机器人程序前需要根据实际工况条件，确保安全的运行速度和程序正确执行。速度倍率不应设置太快，否则可能存在安全隐患。

2. 低速模式运行

低速模式运行就是在将机器人安装到现场生产线执行自动运转之前，逐一确认其动作。程序的测试，对于确保作业人员和外围设备的安全十分重要。

低速模式下有 2 种运行方法：**单步运行**和**连续运行**。

（1）单步运行。

单步运行是指通过示教器逐行执行程序，有 2 种方式：**前进执行**和**后退执行**。

➤ **前进执行**：顺向执行程序。基于前进执行的启动，可通过按住示教器上的【▷】键来启动执行。

➤ **后退执行**：逆向执行程序。基于后退执行的启动，可通过按住示教器上的【◁】键来启动执行。

单步运行的具体操作步骤见表 8.10。

表 8.10 单步运行步骤

序号	图片示例	操作步骤
1		点击"HRG"，进入需要执行的程序

续表 8.10

序号	图片示例	操作步骤
2	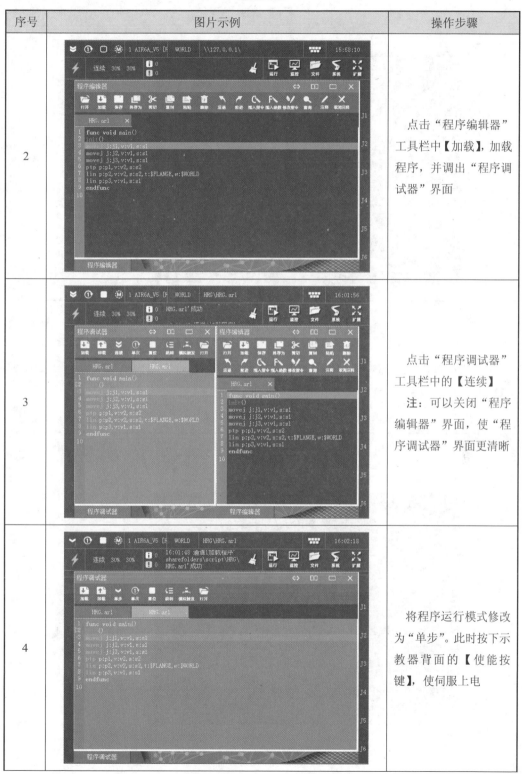	点击"程序编辑器"工具栏中【加载】,加载程序,并调出"程序调试器"界面
3		点击"程序调试器"工具栏中的【连续】 注:可以关闭"程序编辑器"界面,使"程序调试器"界面更清晰
4		将程序运行模式修改为"单步"。此时按下示教器背面的【使能按键】,使伺服上电

续表 8.10

序号	图片示例	操作步骤
5	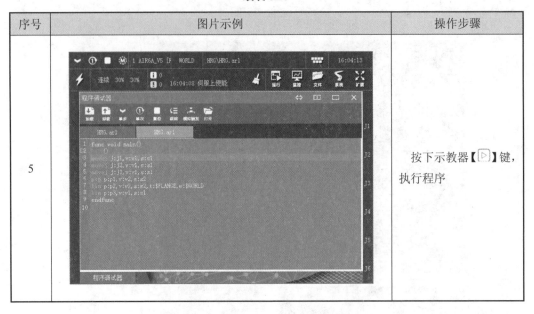	按下示教器【▷】键，执行程序

（2）连续运行。

连续运行是指通过示教器，机器人从当前命令行执行程序直到结束（程序末尾记号或程序结束指令）。连续运行的具体步骤见表 8.11。

表 8.11　连续运行步骤

序号	图片示例	操作步骤
1		点击"HRG"，进入需要执行的程序

续表 8.11

序号	图片示例	操作步骤
2	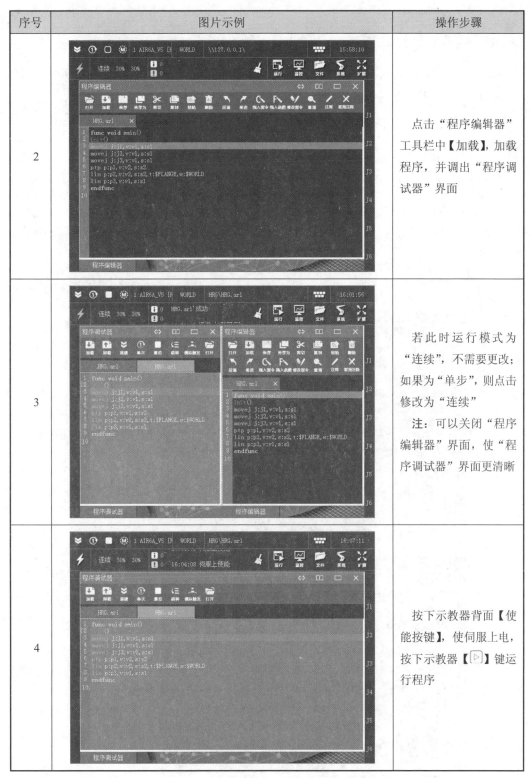	点击"程序编辑器"工具栏中【加载】,加载程序,并调出"程序调试器"界面
3		若此时运行模式为"连续",不需要更改;如果为"单步",则点击修改为"连续" 注:可以关闭"程序编辑器"界面,使"程序调试器"界面更清晰
4		按下示教器背面【使能按键】,使伺服上电,按下示教器【▷】键运行程序

8.4　自动运行

自动运行包括再现模式下自动运行和远程模式下自动运行。

➢ 再现模式下自动运行通过示教器【▷】来控制机器人启动运行。

➢ 远程模式下自动运行是由上位机来控制机器人启动运行。

※ 自动运行

8.4.1　再现模式下自动运行

再现模式下自动运行，适合独立系统运行，不需要与外部设备进行信号交互，自身能独立运行，具体操作步骤见表8.12。

表 8.12　再现模式下自动运行

序号	图片示例	操作步骤
1		点击"EDUBOT"，进入需要执行的程序
2		点击"程序编辑器"工具栏中【加载】，加载程序

续表 8.12

序号	图片示例	操作步骤
3	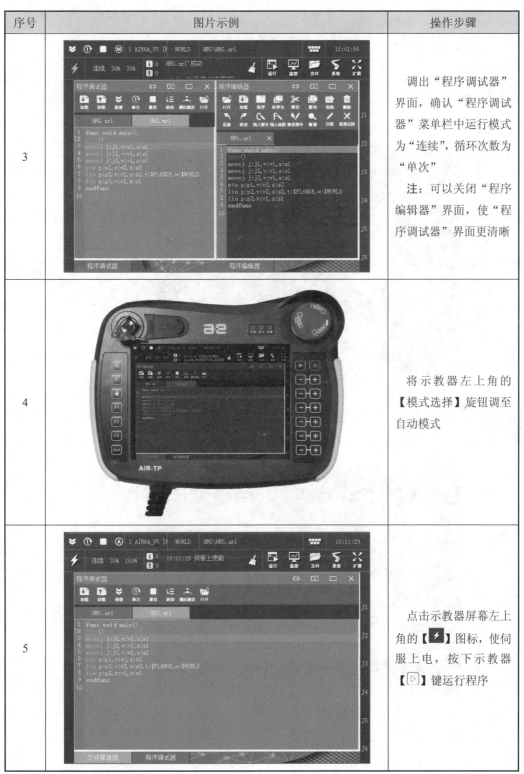	调出"程序调试器"界面，确认"程序调试器"菜单栏中运行模式为"连续"，循环次数为"单次" **注**：可以关闭"程序编辑器"界面，使"程序调试器"界面更清晰
4		将示教器左上角的【模式选择】旋钮调至自动模式
5		点击示教器屏幕左上角的【⚡】图标，使伺服上电，按下示教器【▷】键运行程序

8.4.2　远程模式下自动运行

远程模式下自动运行，适合集成系统运行，需要与外部设备进行信号交互，通过外部信号来使机器人启动运行，具体操作步骤见表8.13。

表8.13　远程模式下自动运行

序号	图片示例	操作步骤
1	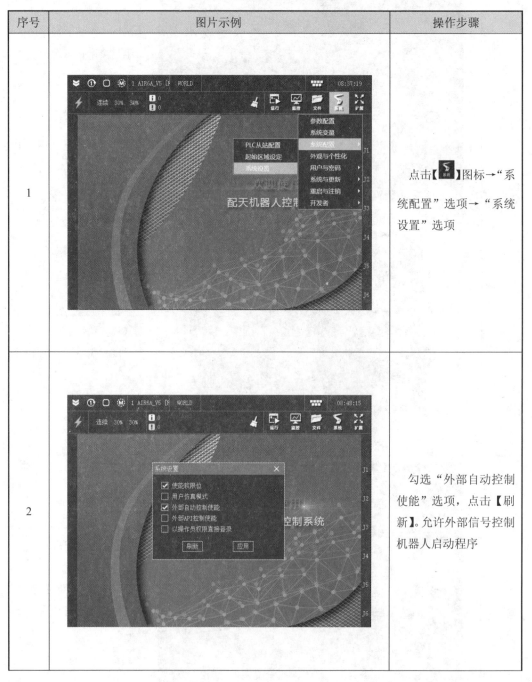	点击【系统】图标→"系统配置"选项→"系统设置"选项
2		勾选"外部自动控制使能"选项，点击【刷新】。允许外部信号控制机器人启动程序

续表 8.13

序号	图片示例	操作步骤
3	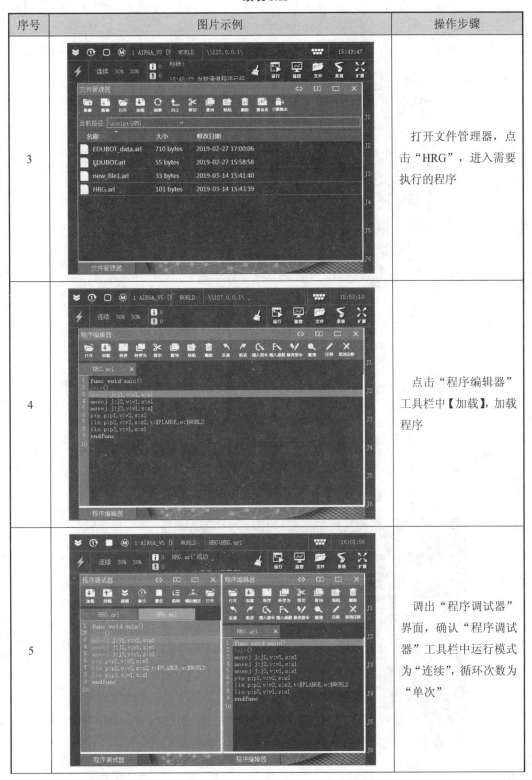	打开文件管理器，点击"HRG"，进入需要执行的程序
4		点击"程序编辑器"工具栏中【加载】，加载程序
5		调出"程序调试器"界面，确认"程序调试器"工具栏中运行模式为"连续"，循环次数为"单次"

续表 8.13

序号	图片示例	操作步骤
6	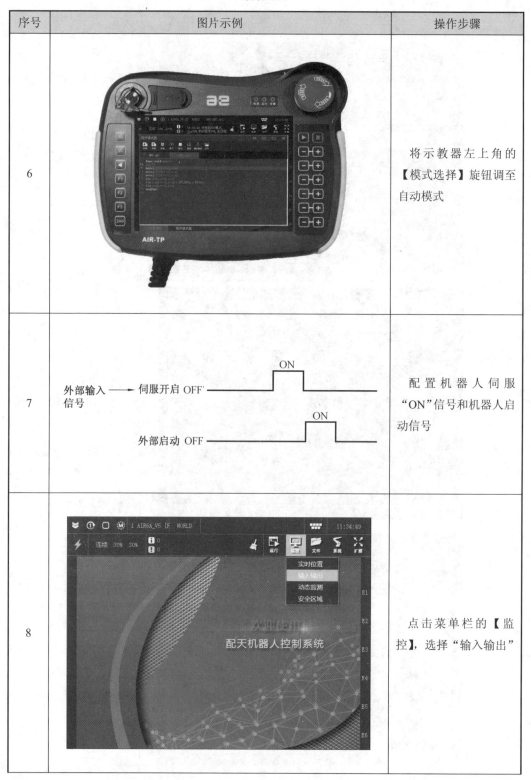	将示教器左上角的【模式选择】旋钮调至自动模式
7	外部输入信号 ── 伺服开启 OFF ─── ON ─── 外部启动 OFF ─── ON ───	配置机器人伺服"ON"信号和机器人启动信号
8	配天机器人控制系统（实时位置／输入输出／动态监测／安全区域）	点击菜单栏的【监控】，选择"输入输出"

续表 8.13

序号	图片示例	操作步骤
9	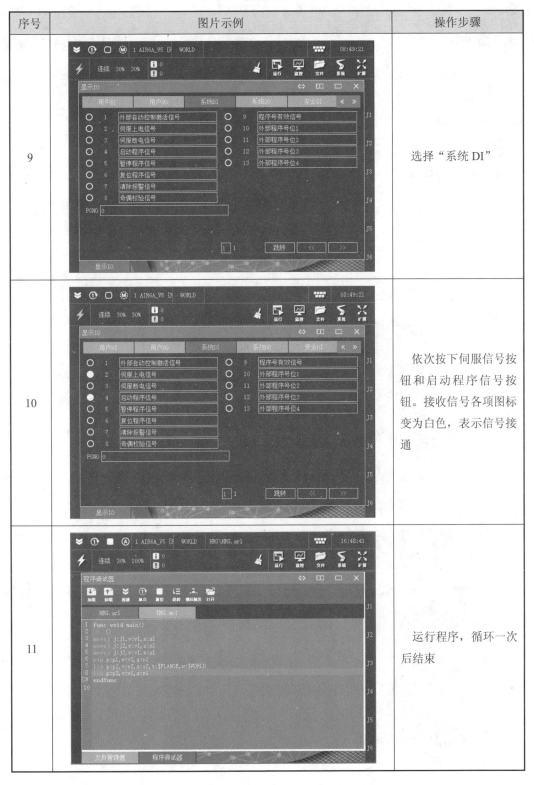	选择"系统 DI"
10		依次按下伺服信号按钮和启动程序信号按钮。接收信号各项图标变为白色，表示信号接通
11		运行程序，循环一次后结束

8.5　程序备份与加载

在创建完成运动程序后，为避免程序丢失或被误删，通
常会进行数据备份。在本书所述控制器中，需事先备份系统
数据，若发生数据消失或者其他突发状况时，可以迅速加载
进行数据恢复。（注：程序备份需要设置权限才可进行）

※　程序备份与加载

8.5.1　程序备份

系统的备份可以使用 USB 存储器和控制器本体。本节以 USB 存储器为例进行备份，
具体操作步骤见表 8.14。

表 8.14　程序备份

序号	图片示例	操作步骤
1		将 U 盘插入示教器的 USB 接口
2		在【文件】中点击"文件备份"

续表 8.14

序号	图片示例	操作步骤
3	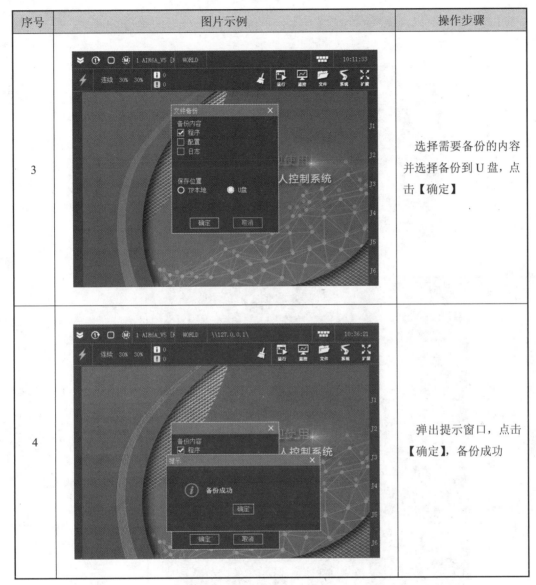	选择需要备份的内容并选择备份到 U 盘，点击【确定】
4		弹出提示窗口，点击【确定】，备份成功

8.5.2　程序加载

对运行程序备份后，若更换新机器人进行生产操作，可以将原备份程序加载进新机器人的示教编辑器（相同控制器型号）内。本节以 USB 存储器为例，对配天机器人示教器进行程序加载，具体加载步骤见表 8.15。

表 8.15　程序加载

序号	图片示例	操作步骤
1	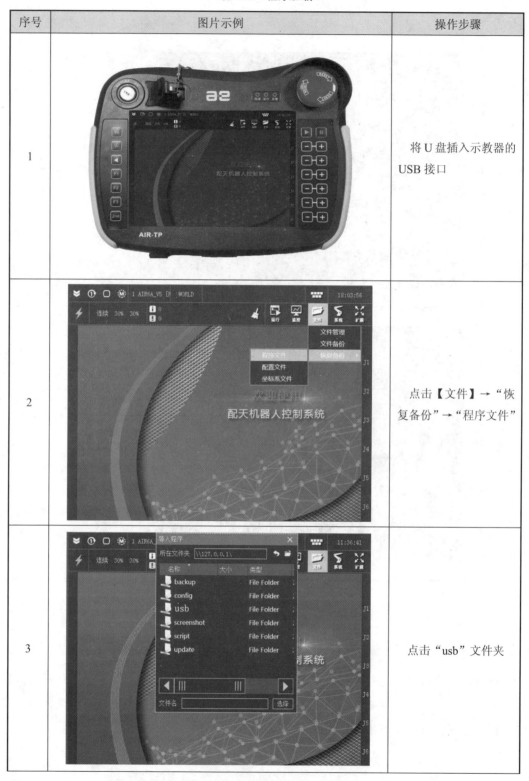	将 U 盘插入示教器的 USB 接口
2		点击【文件】→ "恢复备份" → "程序文件"
3		点击 "usb" 文件夹

续表 8.15

序号	图片示例	操作步骤
4	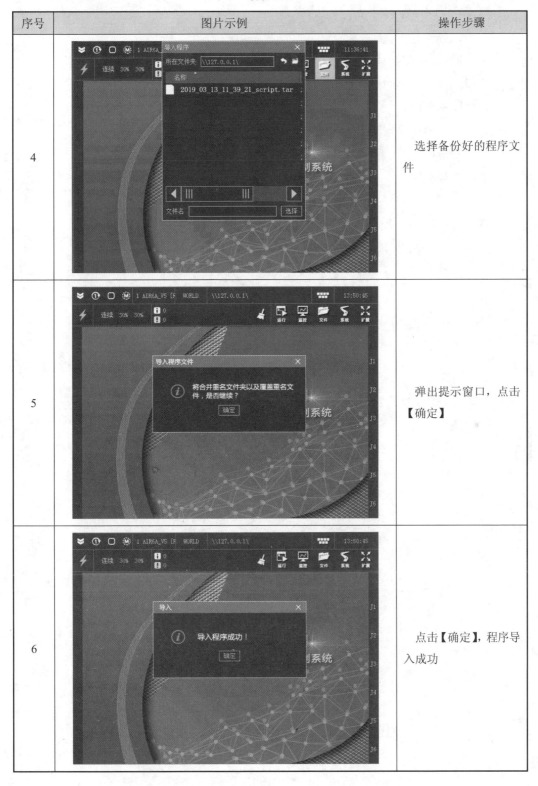	选择备份好的程序文件
5		弹出提示窗口，点击【确定】
6		点击【确定】，程序导入成功

思考题

1. 如何创建机器人运行程序？
2. 如何示教已完成的程序？
3. 如何插入空白行？
4. 如何复制和删除程序？
5. 如何备份程序？
6. 如何加载程序？

第9章 编程实例

本章用 HRG-HD1XKB 工业机器人技能考核实训台（标准版）来学习配天机器人基本编程与操作，如图 9.1 所示。本实训台含有基础教学模块、激光雕刻模块、搬运模块、输送带搬运模块，这些模块用来模拟工业生产中机器人的基本应用。

图 9.1　HRG-HD1XKB 工业机器人技能考核实训台（标准版）

本章编程实例以实训模块为例，具体学习机器人做直线运动、圆弧运动、曲线运动、物料搬运、异步输送带物料检测的编程及操作方法，所需要的模块有基础模块、搬运模块和异步输送带模块，如图 9.2 所示。

（a）MA01 基础模块

（b）MA04 搬运模块

（c）MA05 异步输送带模块

图 9.2　实训模块

9.1 直线运动实例

本节以基础模块中的四边形为例，演示 AIR6 机器人的直线运动。

路径规划：初始点 P1→过渡点 P2→第一点 P3→第二点 P4→第三点 P5→第四点 P6→第五点 P3，如图 9.3 所示。

※ 直线运动实例

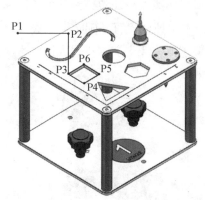

图 9.3　直线运动路径规划

编程前需完成的步骤：

（1）安装基础教学模块；

（2）将工具安装在机器人法兰盘末端；

（3）机器人示教器模式开关选择"手动低速模式"。

直线运动实例编程的具体操作步骤见表 9.1。

表 9.1　直线运动实例的编程步骤

序号	图片示例	操作步骤
1	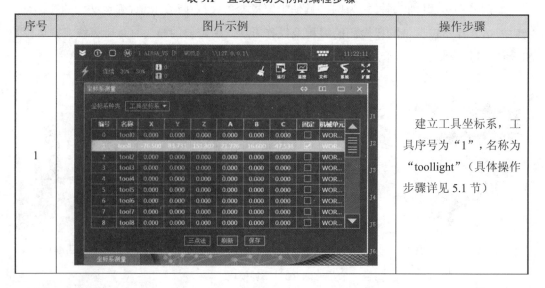	建立工具坐标系，工具序号为"1"，名称为"toollight"（具体操作步骤详见 5.1 节）

续表 9.1

序号	图片示例	操作步骤
2	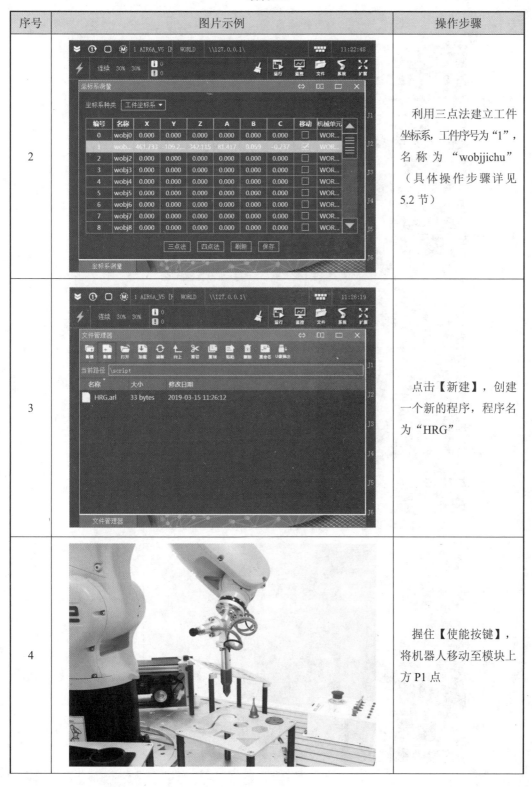	利用三点法建立工件坐标系，工件序号为"1"，名称为"wobjjichu"（具体操作步骤详见 5.2 节）
3		点击【新建】，创建一个新的程序，程序名为"HRG"
4		握住【使能按键】，将机器人移动至模块上方 P1 点

续表 **9.1**

序号	图片示例	操作步骤
5	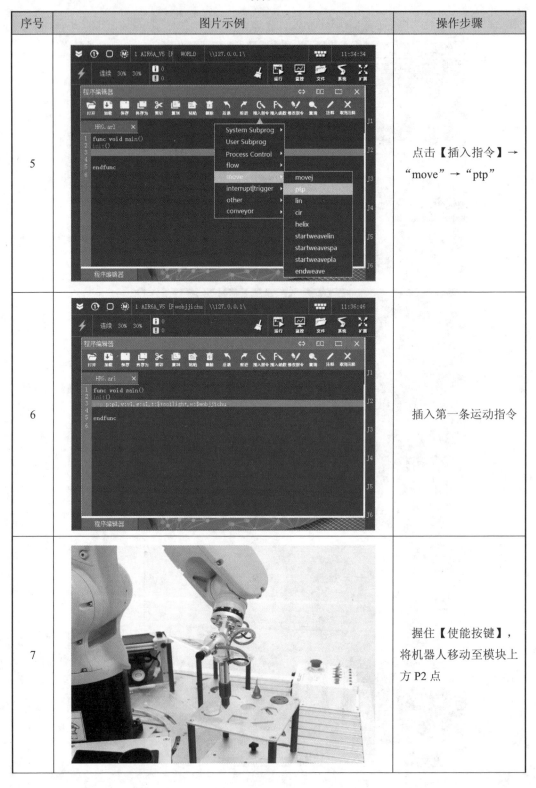	点击【插入指令】→"move"→"ptp"
6		插入第一条运动指令
7		握住【使能按键】，将机器人移动至模块上方 P2 点

续表 9.1

序号	图片示例	操作步骤
8	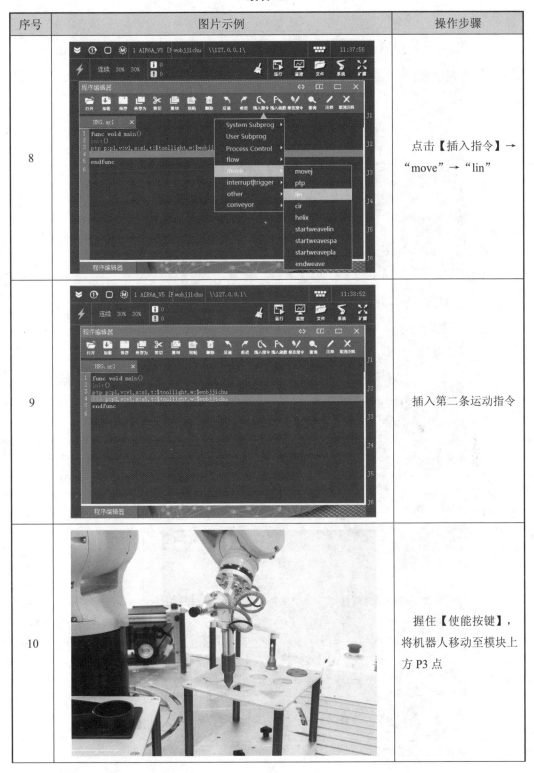	点击【插入指令】→ "move" → "lin"
9		插入第二条运动指令
10		握住【使能按键】，将机器人移动至模块上方 P3 点

续表 9.1

序号	图片示例	操作步骤
11	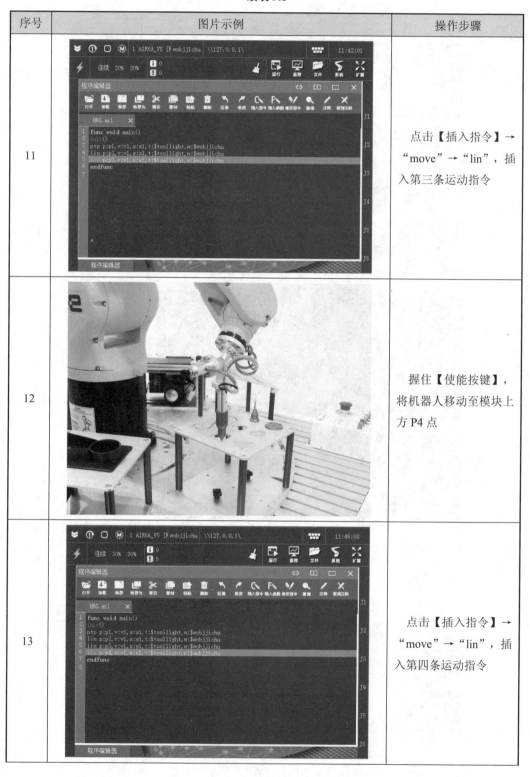	点击【插入指令】→ "move"→"lin"，插入第三条运动指令
12		握住【使能按键】，将机器人移动至模块上方 P4 点
13		点击【插入指令】→ "move"→"lin"，插入第四条运动指令

续表 9.1

序号	图片示例	操作步骤
14	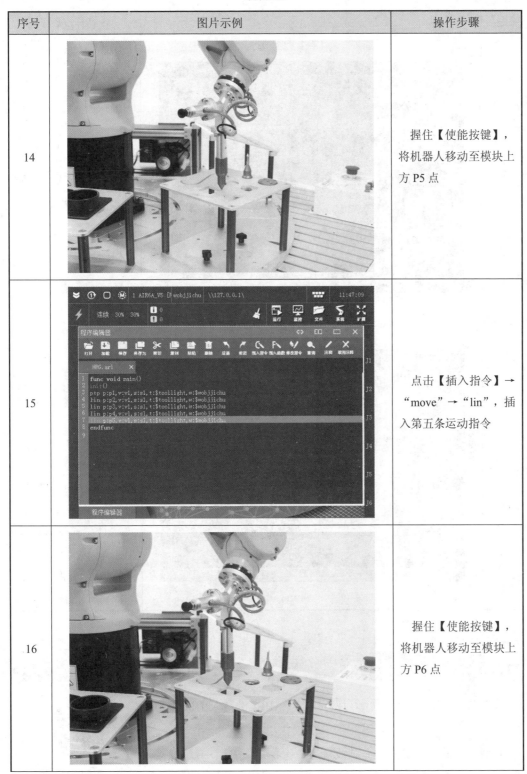	握住【使能按键】，将机器人移动至模块上方 P5 点
15		点击【插入指令】→"move"→"lin"，插入第五条运动指令
16		握住【使能按键】，将机器人移动至模块上方 P6 点

续表 9.1

序号	图片示例	操作步骤
17	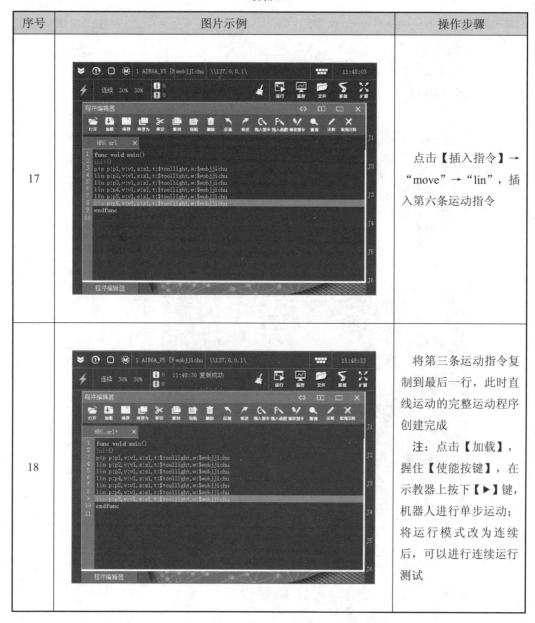	点击【插入指令】→"move"→"lin"，插入第六条运动指令
18		将第三条运动指令复制到最后一行，此时直线运动的完整运动程序创建完成 注：点击【加载】，握住【使能按键】，在示教器上按下【▶】键，机器人进行单步运动；将运行模式改为连续后，可以进行连续运行测试

9.2　圆弧运动实例

本节以基础模块中的圆形为例，演示 AIR6 机器人的圆弧运动。

路径规划：初始点 P1→过渡点 P2→第一点 P3→第二点 P4→第三点 P5→第四点 P6→第五点 P3，如图 9.4 所示。

❋ 圆弧运动实例

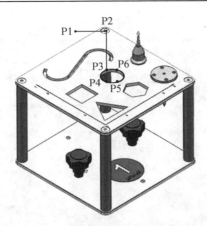

图 9.4   基础模块圆弧运动路径规划

圆弧运动实例编程的具体操作步骤见表 9.2。

表 9.2   圆弧运动实例编程的步骤

序号	图片示例	操作步骤
1	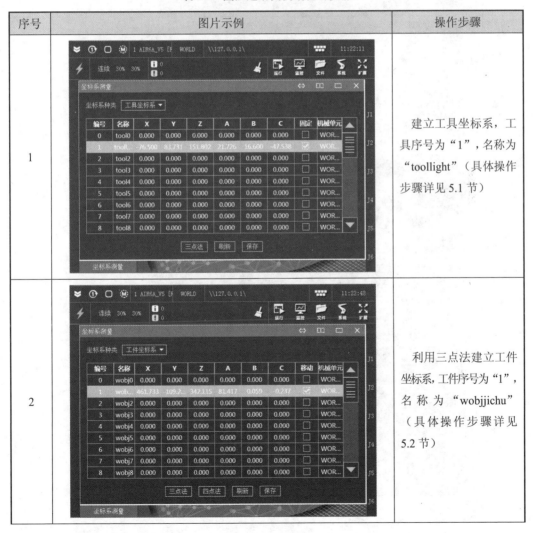	建立工具坐标系，工具序号为"1"，名称为"toollight"（具体操作步骤详见 5.1 节）
2		利用三点法建立工件坐标系，工件序号为"1"，名称为"wobjjichu"（具体操作步骤详见 5.2 节）

续表 9.2

序号	图片示例	操作步骤
3	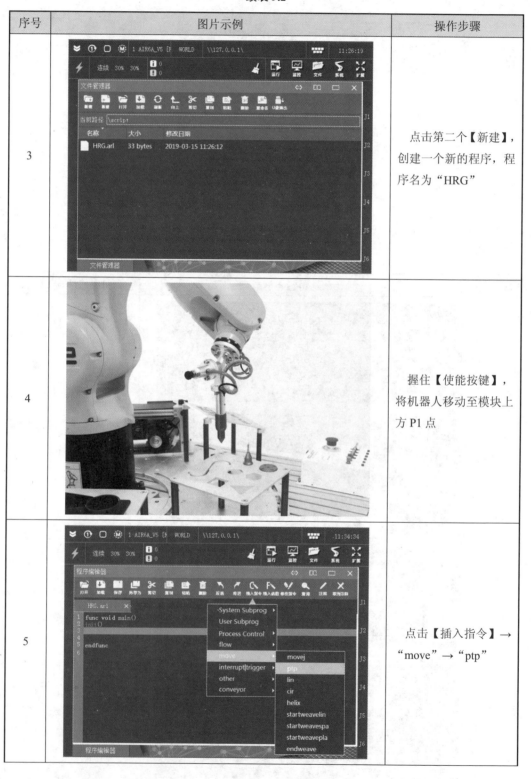	点击第二个【新建】，创建一个新的程序，程序名为"HRG"
4		握住【使能按键】，将机器人移动至模块上方 P1 点
5		点击【插入指令】→"move"→"ptp"

续表 9.2

序号	图片示例	操作步骤
6	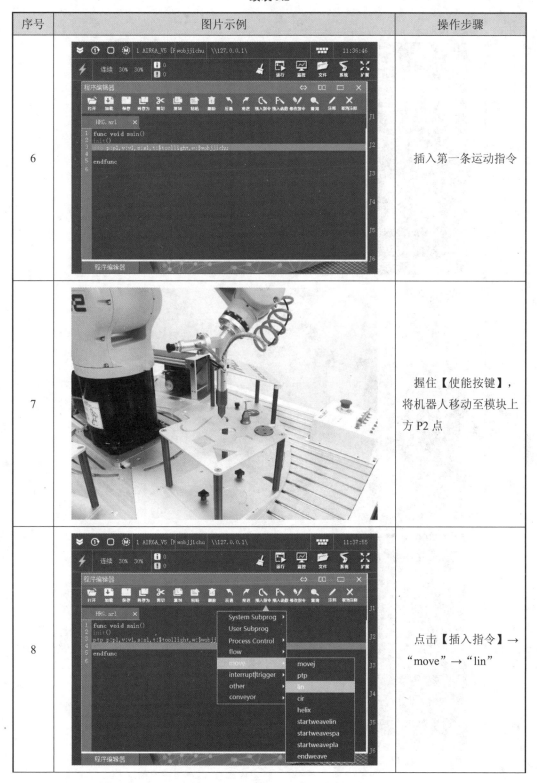	插入第一条运动指令
7		握住【使能按键】，将机器人移动至模块上方 P2 点
8		点击【插入指令】→ "move" → "lin"

续表 9.2

序号	图片示例	操作步骤
9	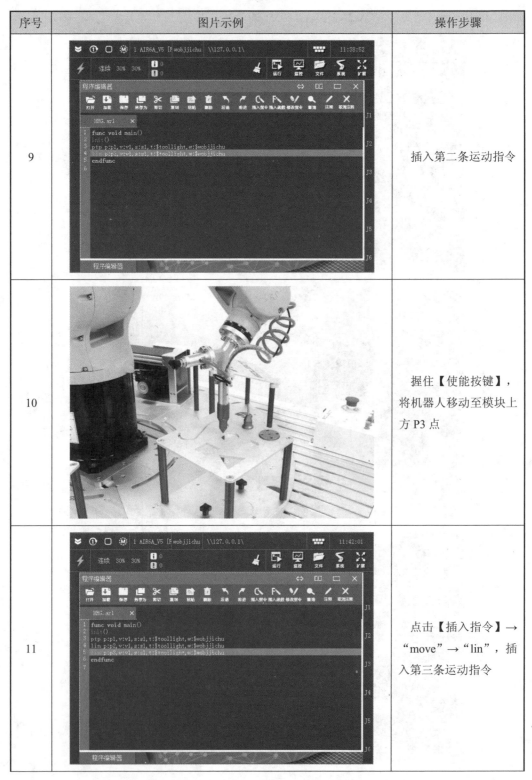	插入第二条运动指令
10		握住【使能按键】，将机器人移动至模块上方 P3 点
11		点击【插入指令】→"move"→"lin"，插入第三条运动指令

续表 9.2

序号	图片示例	操作步骤
12	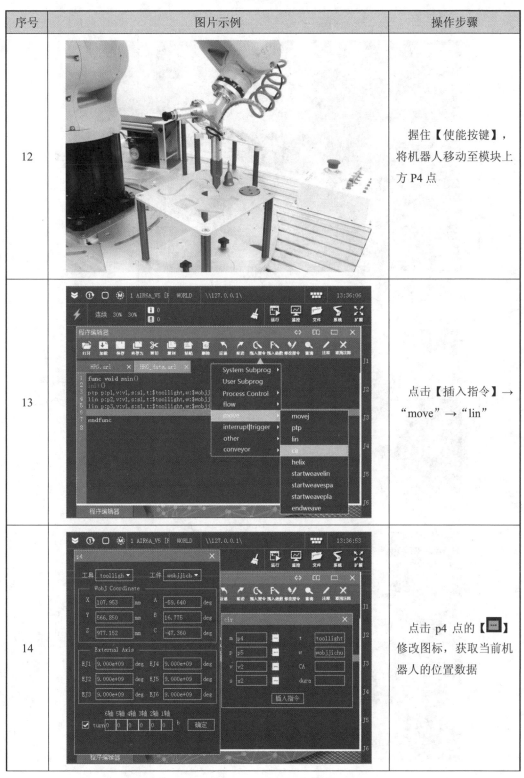	握住【使能按键】，将机器人移动至模块上方 P4 点
13		点击【插入指令】→ "move" → "lin"
14		点击 p4 点的【 】修改图标，获取当前机器人的位置数据

续表 9.2

序号	图片示例	操作步骤
15	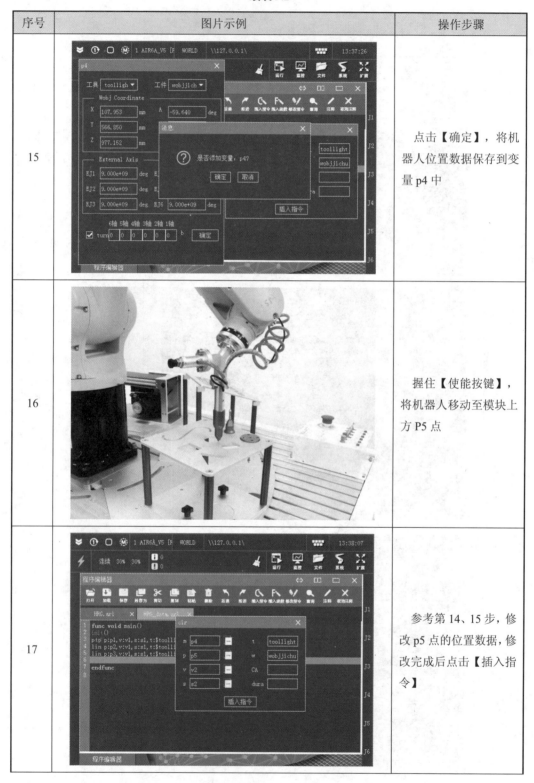	点击【确定】，将机器人位置数据保存到变量 p4 中
16		握住【使能按键】，将机器人移动至模块上方 P5 点
17		参考第 14、15 步，修改 p5 点的位置数据，修改完成后点击【插入指令】

续表 9.2

序号	图片示例	操作步骤
18	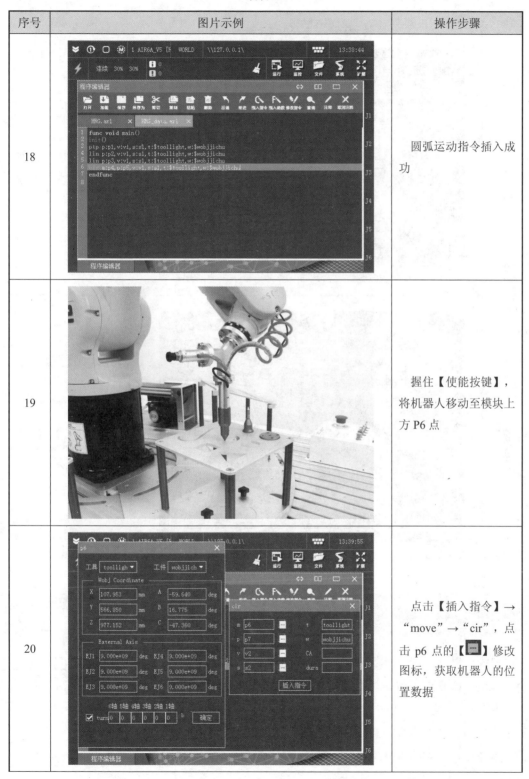	圆弧运动指令插入成功
19		握住【使能按键】，将机器人移动至模块上方 P6 点
20		点击【插入指令】→"move"→"cir"，点击 p6 点的【▣】修改图标，获取机器人的位置数据

续表 9.2

序号	图片示例	操作步骤
21	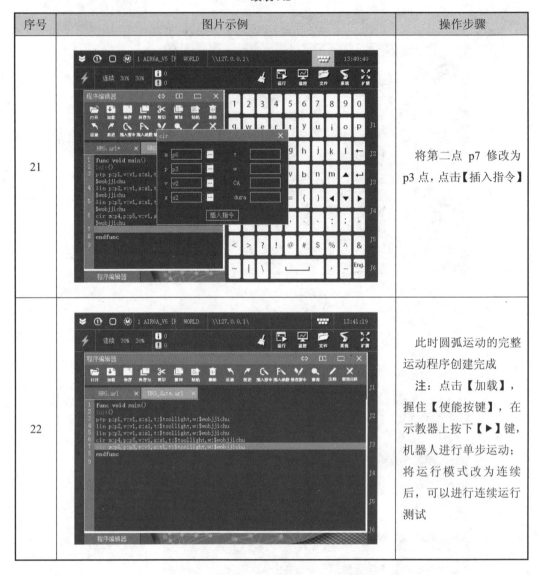	将第二点 p7 修改为 p3 点，点击【插入指令】
22		此时圆弧运动的完整运动程序创建完成 注：点击【加载】，握住【使能按键】，在示教器上按下【▶】键，机器人进行单步运动；将运行模式改为连续后，可以进行连续运行测试

9.3　曲线运动实例

　　曲线可以看作由 N 段小圆弧或直线组成，所以可以用 N 个圆弧指令或者直线指令完成曲线运动。本节以基础模块中的 S 型曲线为例，演示 AIR6 机器人的曲线运动，该曲线路径由两段圆弧和一条直线构成。

❋ 曲线运动实例

　　路径规划：初始点 P1→过渡点 P2→第一点 P3→第二点 P4→第三点 P5→第四点 P6→第五点 P7→第六点 P8，如图 9.5 所示。

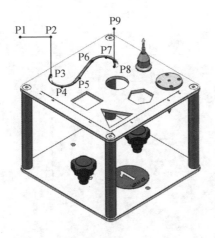

图 9.5　基础模块曲线运动路径规划

曲线运动实例编程的具体操作步骤见表 9.3。

表 9.3　曲线运动实例编程的步骤

序号	图片示例	操作步骤
1	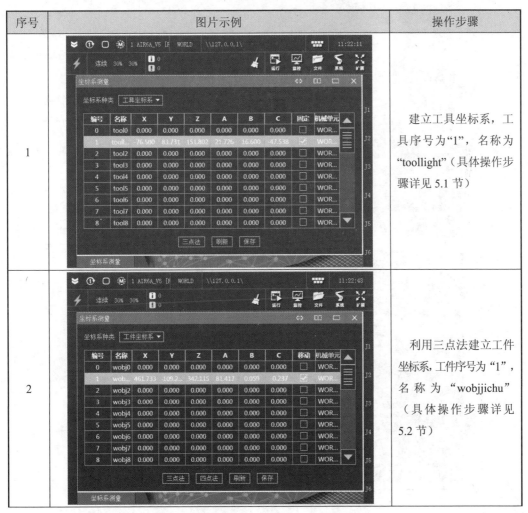	建立工具坐标系,工具序号为"1",名称为"toollight"(具体操作步骤详见5.1节)
2		利用三点法建立工件坐标系,工件序号为"1",名称为"wobjjichu"(具体操作步骤详见5.2节)

续表 9.3

序号	图片示例	操作步骤
3	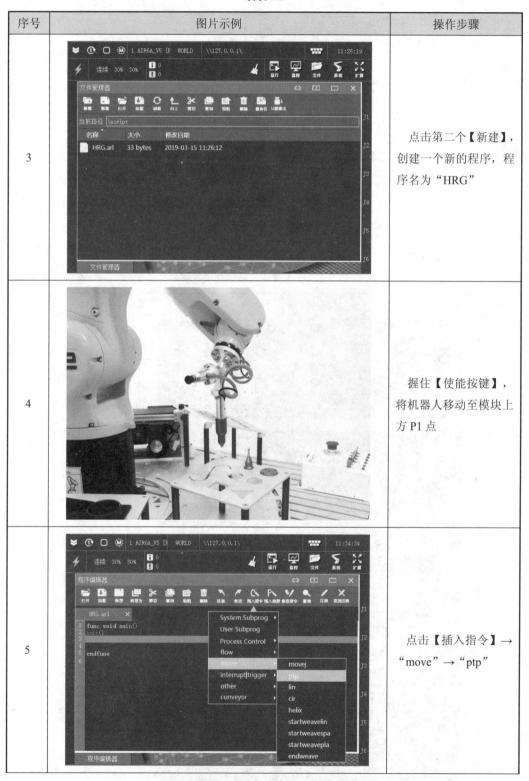	点击第二个【新建】，创建一个新的程序，程序名为"HRG"
4		握住【使能按键】，将机器人移动至模块上方 P1 点
5		点击【插入指令】→"move"→"ptp"

续表 9.3

序号	图片示例	操作步骤
6	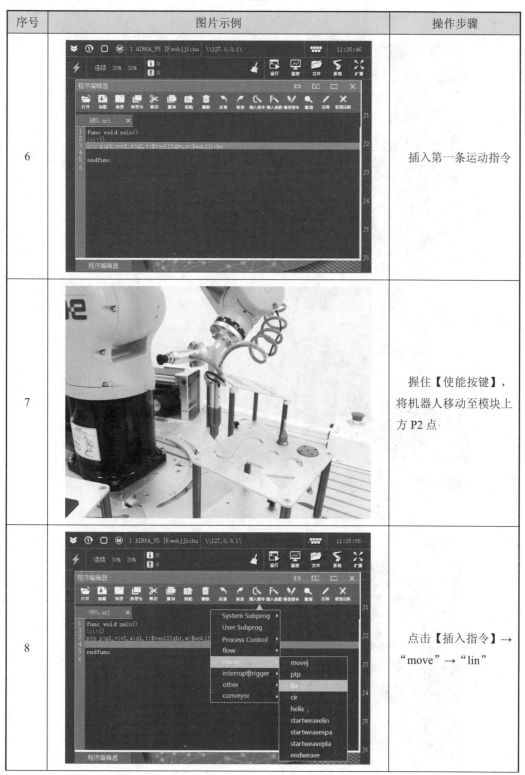	插入第一条运动指令
7		握住【使能按键】，将机器人移动至模块上方 P2 点
8		点击【插入指令】→"move"→"lin"

续表 9.3

序号	图片示例	操作步骤
9	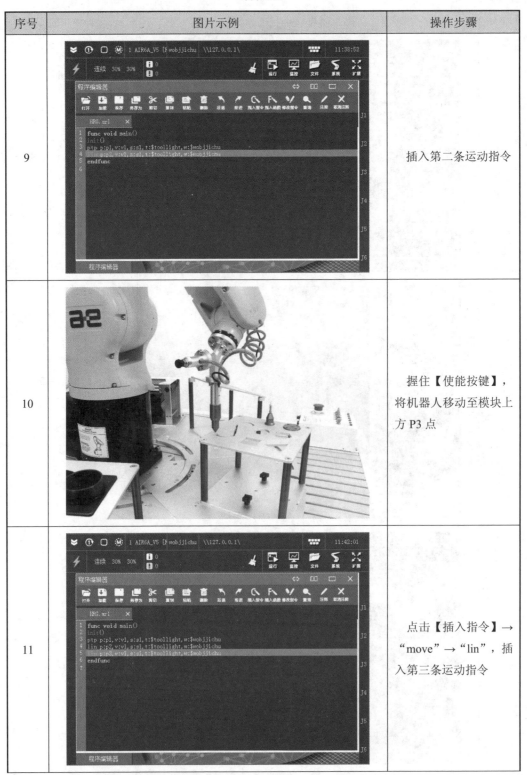	插入第二条运动指令
10		握住【使能按键】，将机器人移动至模块上方 P3 点
11		点击【插入指令】→ "move"→"lin"，插入第三条运动指令

续表 9.3

序号	图片示例	操作步骤
12	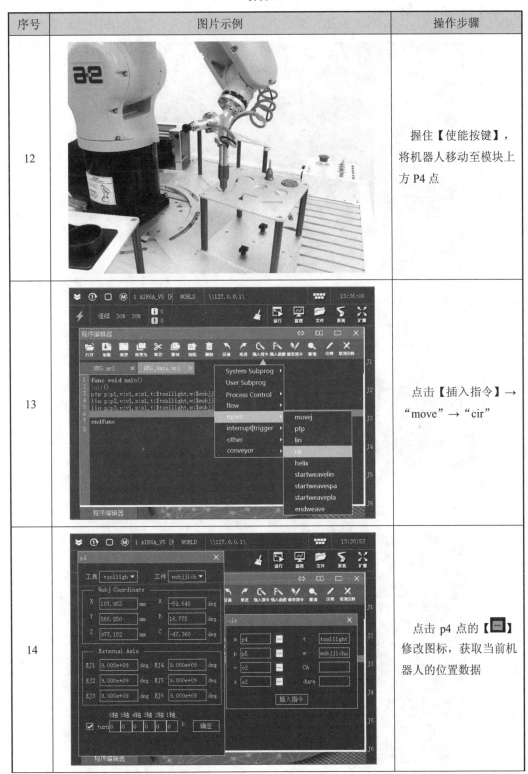	握住【使能按键】，将机器人移动至模块上方 P4 点
13		点击【插入指令】→ "move" → "cir"
14		点击 p4 点的【□】修改图标，获取当前机器人的位置数据

续表 9.3

序号	图片示例	操作步骤
15	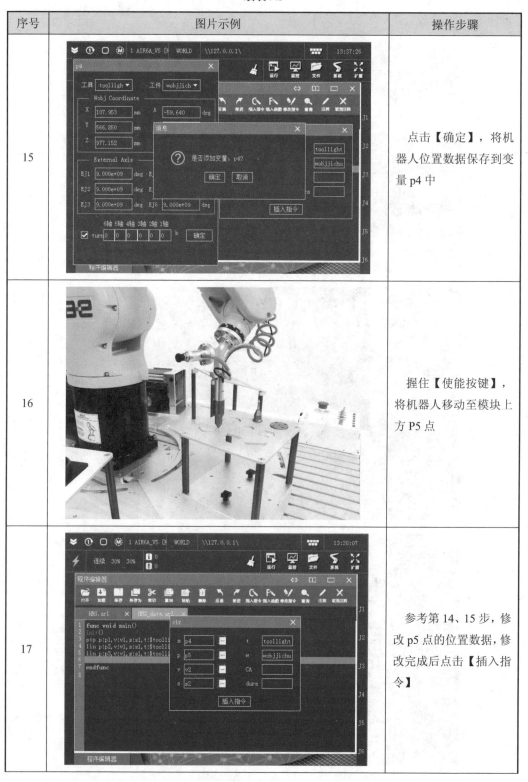	点击【确定】，将机器人位置数据保存到变量 p4 中
16		握住【使能按键】，将机器人移动至模块上方 P5 点
17		参考第 14、15 步，修改 p5 点的位置数据，修改完成后点击【插入指令】

续表 9.3

序号	图片示例	操作步骤
18	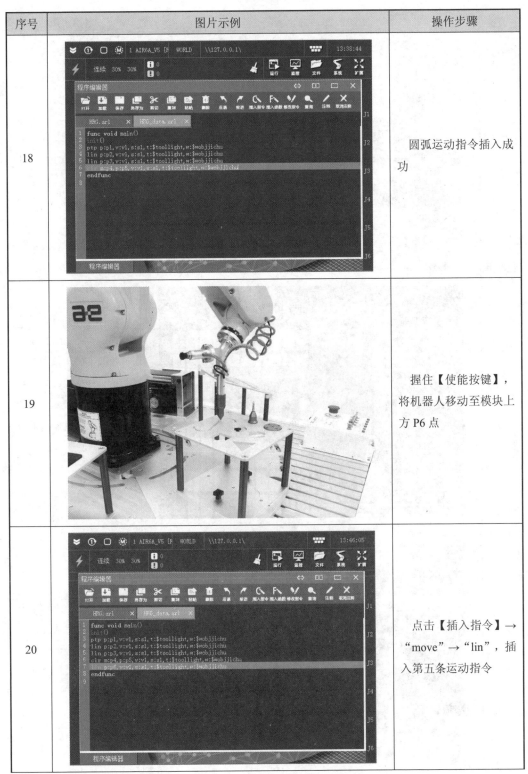	圆弧运动指令插入成功
19		握住【使能按键】，将机器人移动至模块上方 P6 点
20		点击【插入指令】→"move"→"lin"，插入第五条运动指令

续表 9.3

序号	图片示例	操作步骤
21	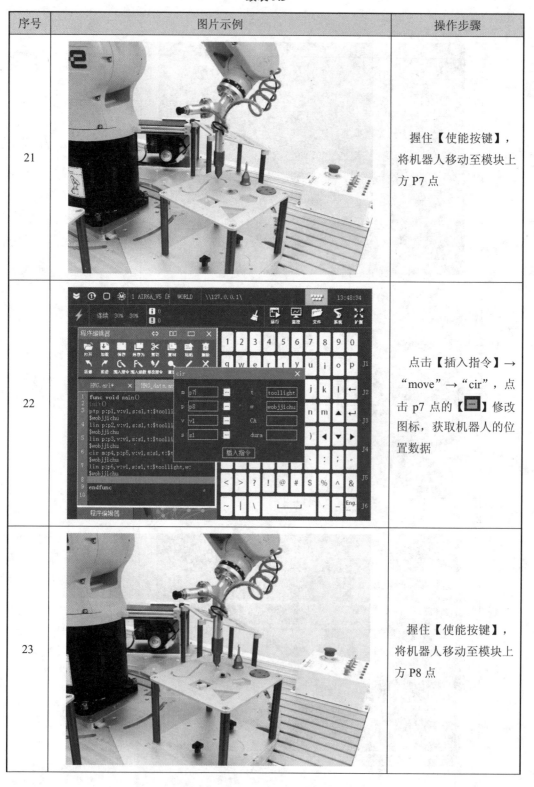	握住【使能按键】，将机器人移动至模块上方 P7 点
22		点击【插入指令】→"move"→"cir"，点击 p7 点的【▢】修改图标，获取机器人的位置数据
23		握住【使能按键】，将机器人移动至模块上方 P8 点

续表 9.3

序号	图片示例	操作步骤
24	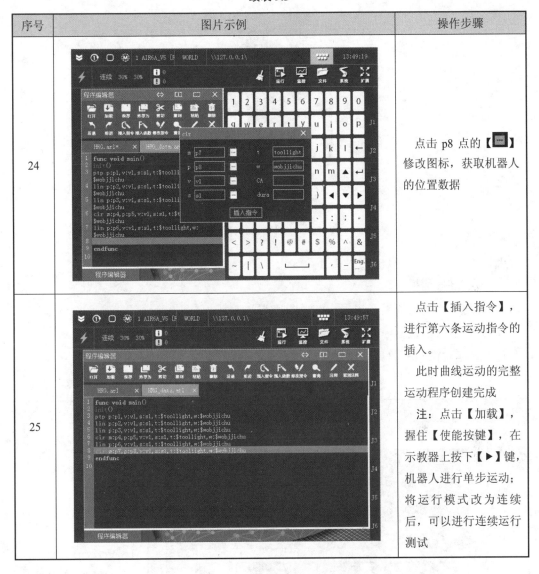	点击 p8 点的【□】修改图标，获取机器人的位置数据
25		点击【插入指令】，进行第六条运动指令的插入。 此时曲线运动的完整运动程序创建完成 注：点击【加载】，握住【使能按键】，在示教器上按下【▶】键，机器人进行单步运动；将运行模式改为连续后，可以进行连续运行测试

9.4 物料搬运实例

本节以搬运模块为例，通过物料搬运操作介绍机器人 I/O 模块输出信号的使用。

在硬件连接时，使用机器人通用数字输出信号 DO07 驱动电磁阀，产生气压通过真空发生器后，连接至吸盘。

❋ 物料搬运实例

路径规划：初始点 P1→圆饼抬起点 P2→圆饼拾取点 P3→圆饼抬起点 P2→圆饼抬起点 P4→圆饼放置点 P5→圆饼抬起点 P4→初始点 P1，如图 9.6 所示。

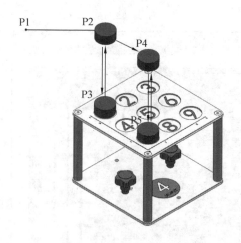

图 9.6　物料搬运路径规划

编程前需完成的步骤：

（1）安装搬运模块；

（2）将吸盘工具安装在机器人法兰盘末端；

（3）机器人示教器模式开关选择"手动低速模式"。

物料搬运实例编程的具体操作步骤见表 9.4。

表 9.4　物料搬运实例编程的步骤

序号	图片示例	操作步骤
1	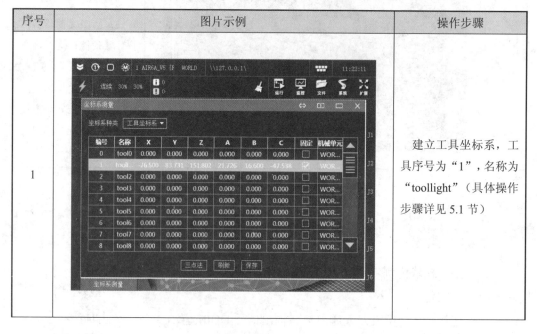	建立工具坐标系，工具序号为"1"，名称为"toollight"（具体操作步骤详见 5.1 节）

续表 9.4

序号	图片示例	操作步骤
2	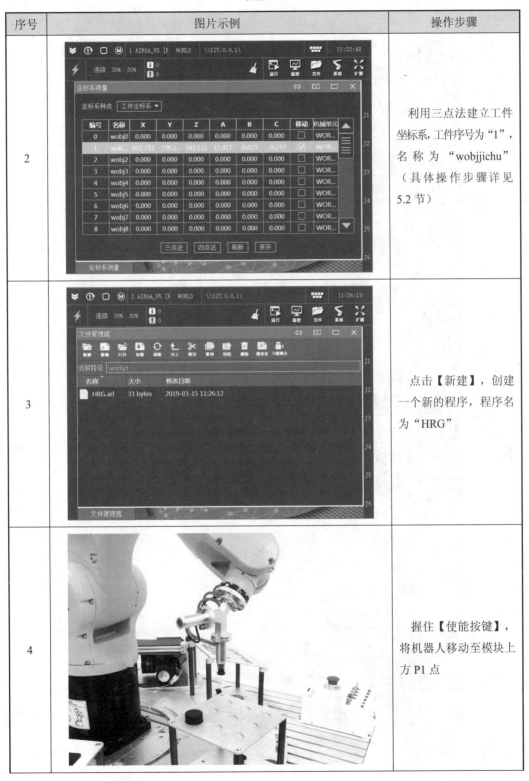	利用三点法建立工件坐标系，工件序号为"1"，名称为"wobjjichu"（具体操作步骤详见 5.2 节）
3		点击【新建】，创建一个新的程序，程序名为"HRG"
4		握住【使能按键】，将机器人移动至模块上方 P1 点

续表 9.4

序号	图片示例	操作步骤
5	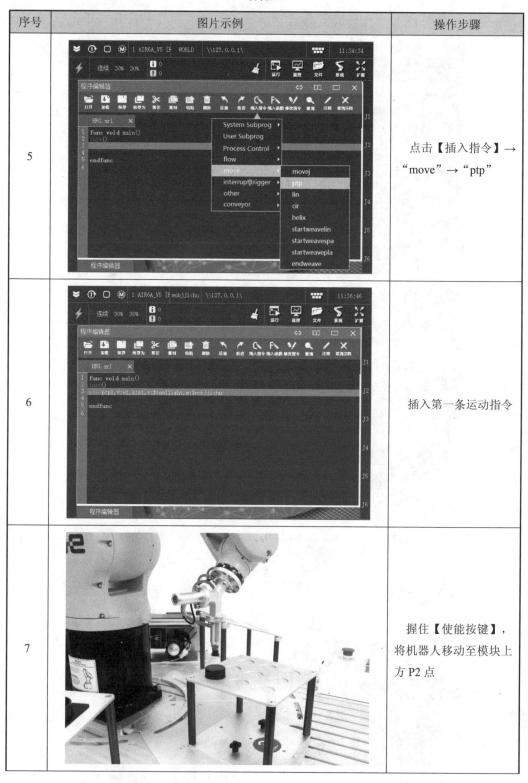	点击【插入指令】→ "move" → "ptp"
6		插入第一条运动指令
7		握住【使能按键】，将机器人移动至模块上方 P2 点

续表9.4

序号	图片示例	操作步骤
8	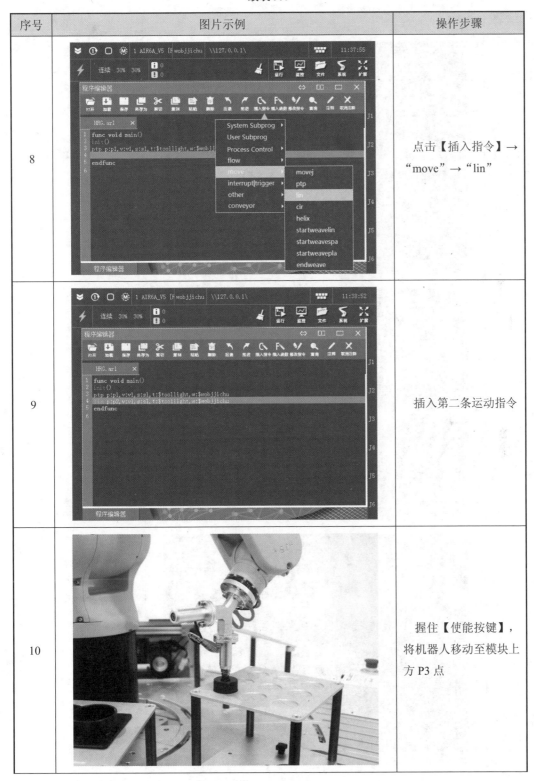	点击【插入指令】→ "move" → "lin"
9		插入第二条运动指令
10		握住【使能按键】，将机器人移动至模块上方 P3 点

续表 **9.4**

序号	图片示例	操作步骤
11	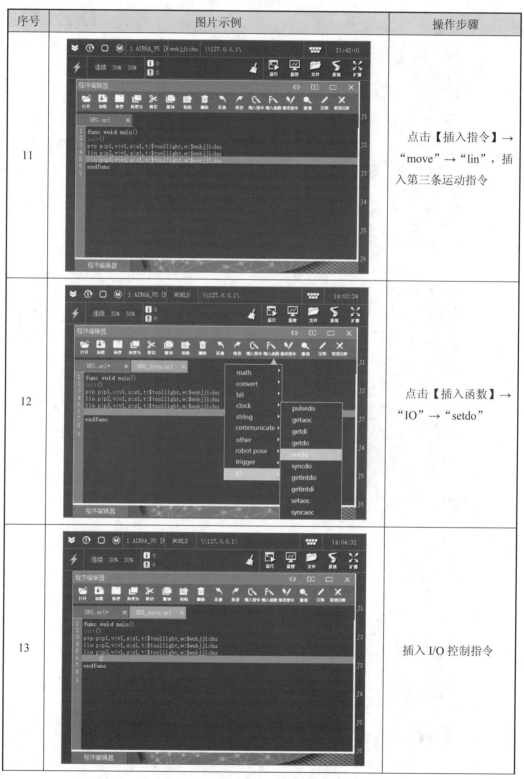	点击【插入指令】→ "move" → "lin"，插入第三条运动指令
12		点击【插入函数】→ "IO" → "setdo"
13		插入 I/O 控制指令

续表 9.4

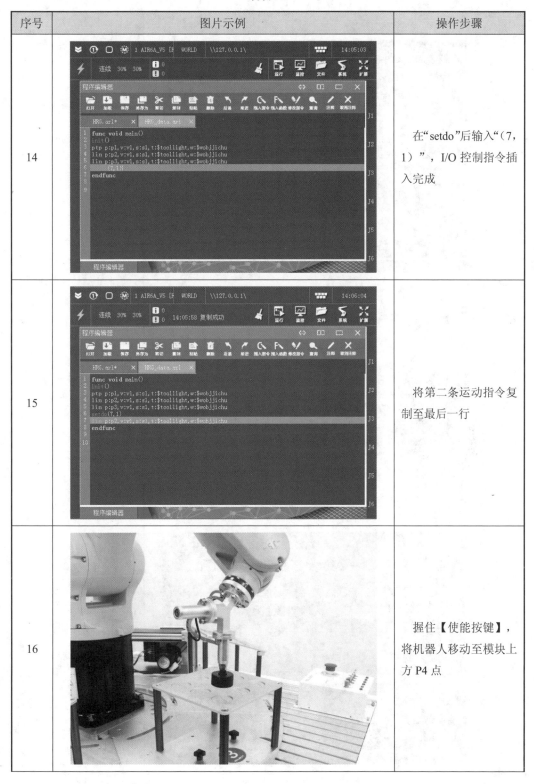

序号	图片示例	操作步骤
14		在"setdo"后输入"（7，1）"，I/O 控制指令插入完成
15		将第二条运动指令复制至最后一行
16		握住【使能按键】，将机器人移动至模块上方 P4 点

续表 9.4

序号	图片示例	操作步骤
17	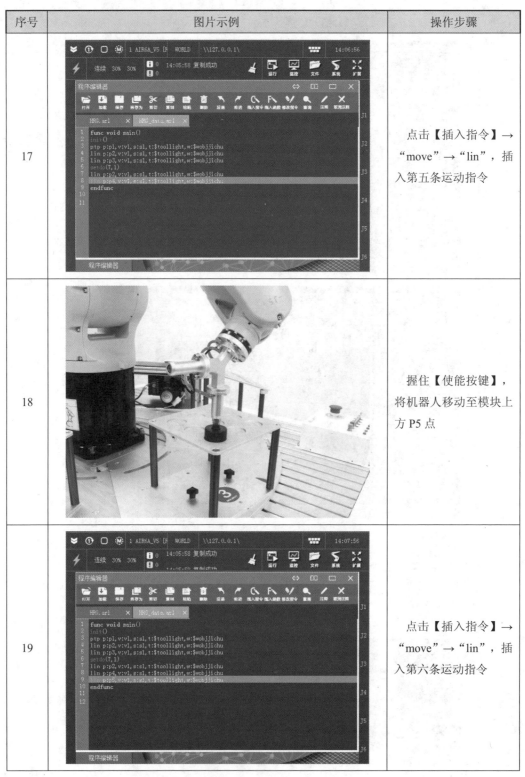	点击【插入指令】→"move"→"lin"，插入第五条运动指令
18		握住【使能按键】，将机器人移动至模块上方 P5 点
19		点击【插入指令】→"move"→"lin"，插入第六条运动指令

续表 9.4

序号	图片示例	操作步骤
20	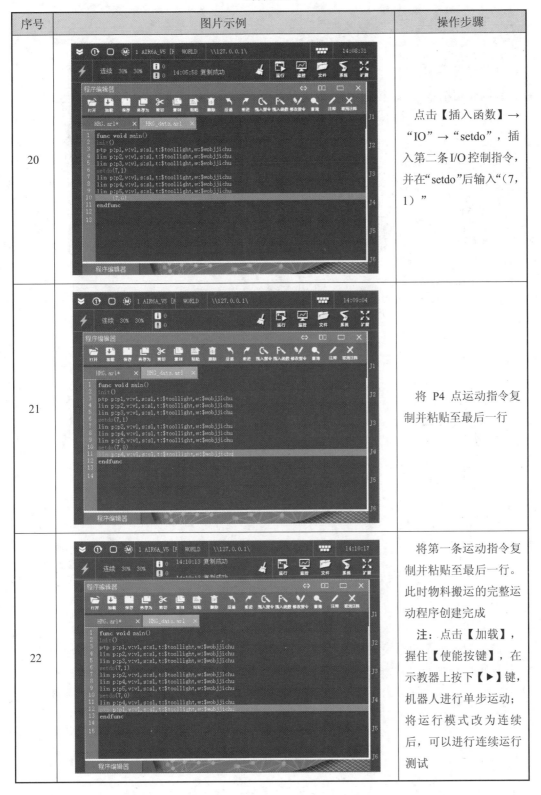	点击【插入函数】→"IO"→"setdo"，插入第二条 I/O 控制指令，并在"setdo"后输入"(7, 1)"
21		将 P4 点运动指令复制并粘贴至最后一行
22		将第一条运动指令复制并粘贴至最后一行。此时物料搬运的完整运动程序创建完成 注：点击【加载】，握住【使能按键】，在示教器上按下【▶】键，机器人进行单步运动；将运行模式改为连续后，可以进行连续运行测试

9.5　异步输送带物料检测实例

　　本节以异步输送带模块为例，通过物料检测与物料搬运操作实例介绍机器人 I/O 模块的输入/输出信号的使用。

　　在硬件连接时，使用机器人通用数字输出信号 DO07 驱动电磁阀，产生气压通过真空发生器后，连接至真空吸盘，并将输送带末端的光电传感器检测信号接入机器人的 DI01，当物料到达时，机器人进行信号检测。

❋　异步输送带物料检测实例

　　路径规划：初始点 P1→圆饼拾取过渡点 P2→圆饼拾取点 P3→圆饼抬起点 P2→圆饼放置过渡点 P4→圆饼放置点 P5→圆饼抬起过渡点 P4→初始点 P1，如图 9.7 所示。

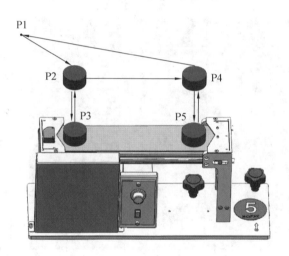

图 9.7　输送带物料检测动作路径规划

编程前需完成的步骤如下。

　　（1）安装异步输送带模块；

　　（2）将吸盘工具安装在机器人法兰盘末端；

　　（3）机器人示教器模式开关选择"手动低速模式"。

　　异步输送带物料检测实例编程的步骤见表 9.5。

表 9.5 异步输送带物料检测实例编程的步骤

序号	图片示例	操作步骤
1	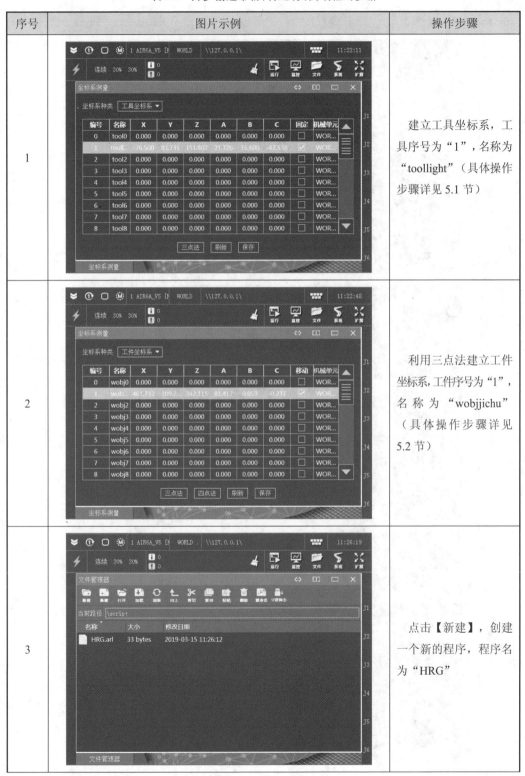	建立工具坐标系,工具序号为"1",名称为"toollight"(具体操作步骤详见 5.1 节)
2		利用三点法建立工件坐标系,工件序号为"1",名称为"wobjjichu"(具体操作步骤详见 5.2 节)
3		点击【新建】,创建一个新的程序,程序名为"HRG"

续表 9.5

序号	图片示例	操作步骤
4	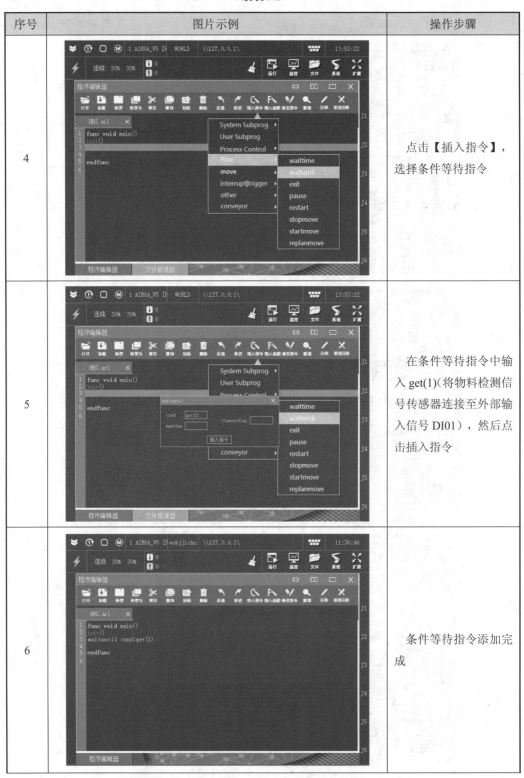	点击【插入指令】，选择条件等待指令
5		在条件等待指令中输入 get(1)（将物料检测信号传感器连接至外部输入信号 DI01），然后点击插入指令
6		条件等待指令添加完成

续表 9.5

序号	图片示例	操作步骤
7	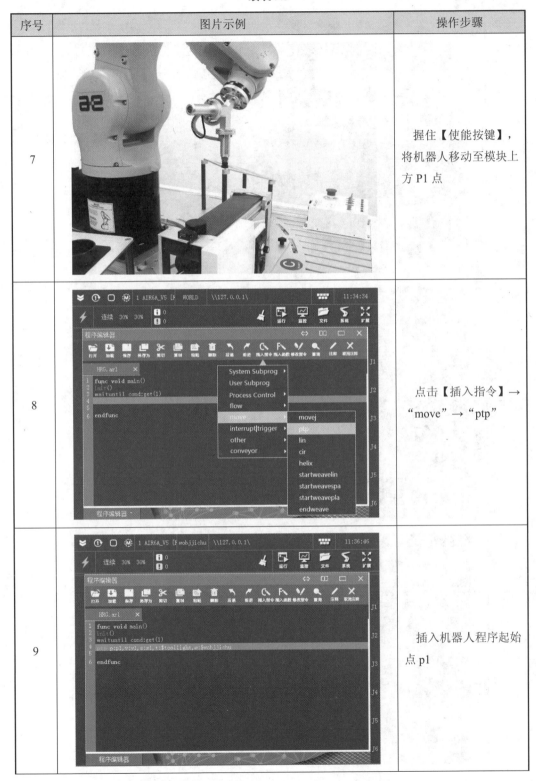	握住【使能按键】，将机器人移动至模块上方 P1 点
8		点击【插入指令】→ "move" → "ptp"
9		插入机器人程序起始点 p1

续表 9.5

序号	图片示例	操作步骤
10	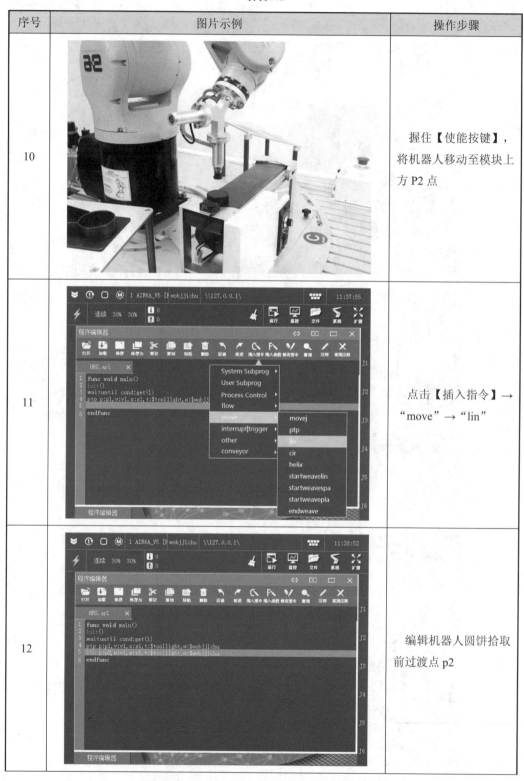	握住【使能按键】，将机器人移动至模块上方 P2 点
11		点击【插入指令】→"move"→"lin"
12		编辑机器人圆饼拾取前过渡点 p2

续表 9.5

序号	图片示例	操作步骤
13	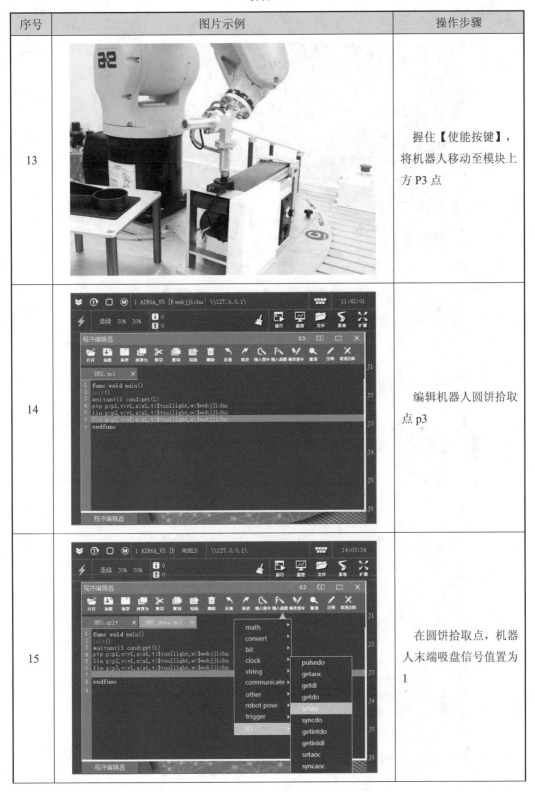	握住【使能按键】，将机器人移动至模块上方 P3 点
14		编辑机器人圆饼拾取点 p3
15		在圆饼拾取点，机器人末端吸盘信号值置为 1

续表 9.5

序号	图片示例	操作步骤
16	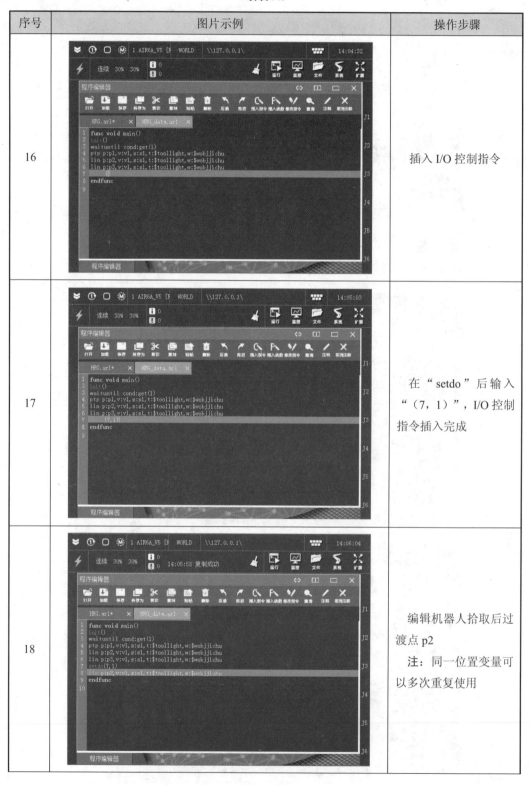	插入 I/O 控制指令
17		在"setdo"后输入"（7，1）"，I/O 控制指令插入完成
18		编辑机器人拾取后过渡点 p2 注：同一位置变量可以多次重复使用

续表 9.5

序号	图片示例	操作步骤
19	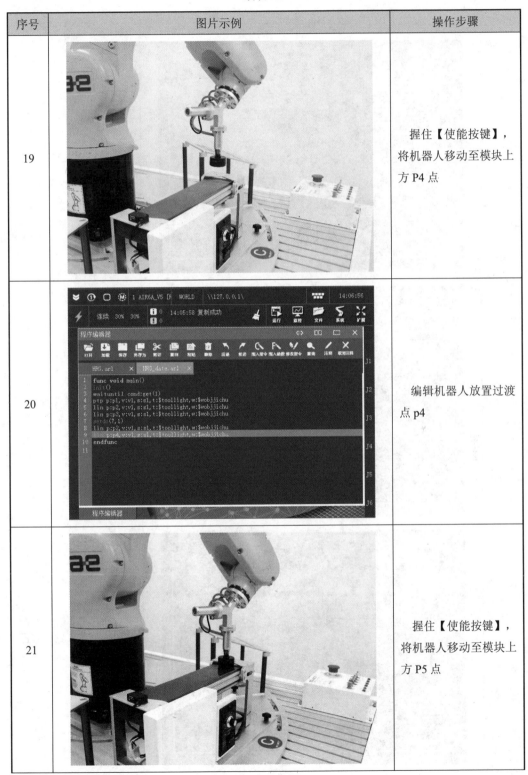	握住【使能按键】，将机器人移动至模块上方 P4 点
20		编辑机器人放置过渡点 p4
21		握住【使能按键】，将机器人移动至模块上方 P5 点

续表 9.5

序号	图片示例	操作步骤
22	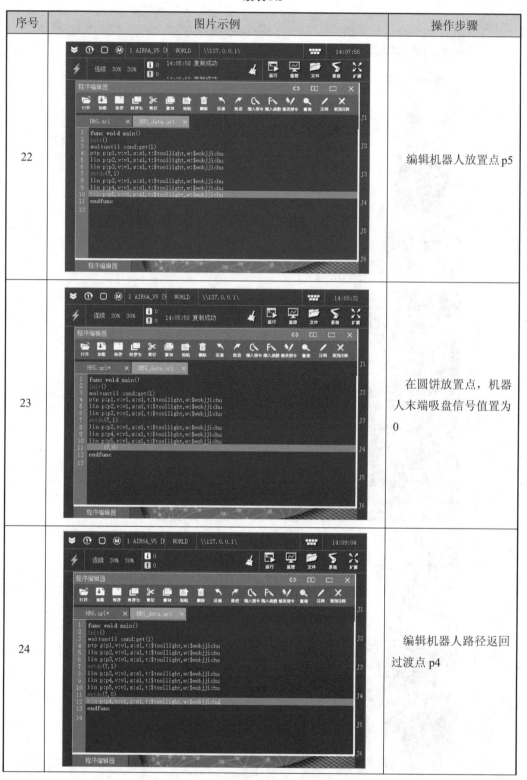	编辑机器人放置点 p5
23		在圆饼放置点，机器人末端吸盘信号值置为 0
24		编辑机器人路径返回过渡点 p4

续表 9.5

序号	图片示例	操作步骤
25	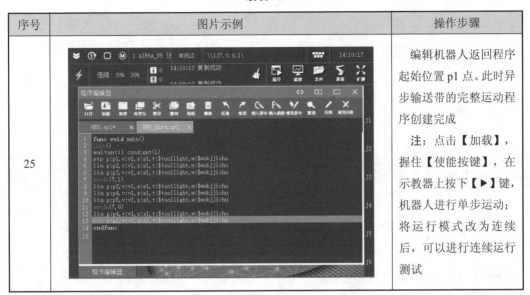	编辑机器人返回程序起始位置 p1 点。此时异步输送带的完整运动程序创建完成 注：点击【加载】，握住【使能按键】，在示教器上按下【▶】键，机器人进行单步运动；将运行模式改为连续后，可以进行连续运行测试

 思考题

1. 编程的基本步骤是什么？

2. 如何修改编程中需要更改的目标点？

3. 如何添加输入输出指令？

4. 位置型数据如何在程序中编辑？

第10章 异常事件

10.1 常见异常事件

异常事件是指硬件设备发生问题或软件在运行过程中出现错位而导致机器人无法正常运行的事件。

10.1.1 异常事件解决方法

※ 常见异常事件

配天机器人的异常事件解决方法有 2 种：直接观察法和查看日志法。

➤ 直接观察法：通过直接观察机器人系统，排除一些硬件上的故障，如电缆连接故障、电源通断确认等。

➤ 查看日志法：通过示教器画面中异常事件日志报警编号查看相应的事件，根据报警列表手册，找到相应的处理方式。

配天机器人常见异常事件见表 10.1。

表 10.1　常见异常事件

异常事件	处理方式	处理方法
无法接通电源	1. 确认断路器电源是否已经接通	使用万用表测量断路器上端是否有 220 V 电压，无电压则说明供电端未接通
	2. 确认断路器是否损坏	使用万用表测量断路器下端是否有 220 V 电压，无电压则说明断路器已损坏
无法操纵机器人	1. 有效开关选择是否正确	示教器和控制器上有效开关是否处于示教模式（即"ON"位置），若没有则无法手动操纵机器人
	2. 操作方式是否正确	示教器操作方法是否有误，具体操作方法参考本书"3.3 示教器常用操作"和"4.2 机器人手动操纵"
	3. 特殊信号是否配置接线	根据示教器的报警显示内容完成特殊信号的配置连接，具体设置参考本书"10.1.2 报警发生画面"

10.1.2　报警发生画面

如图 10.1 所示，报警发生画面上仅显示出当前发生的报警，当同时发生多个报警时，按照最新发生的事件顺序显示。配天机器人的常见报警代码见表 10.2。

图 10.1　配天机器人报警发生画面

表 10.2　常见报警代码表

报警代码	故障原因	处理措施
8001	示教器的急停按钮被按下	1. 旋开示教器的急停按钮； 2. 按下清除按键或者通过系统 I/O 信号清除报警
8002	ARCS 未检测到安全 I/O 报警信号导致安全备份模块动作	1. 尝试按下清除按键或者通过系统 I/O 信号清除报警； 2. 如果仍存在该问题，请联系客服人员
8003	控制器柜门被打开	1. 确认控制器柜门未被打开； 2. 按下清除按键或者通过系统 I/O 信号清除报警
8004	PLC_INT 未检测到接触器闭合的反馈信号	1. 尝试按下清除按键或者通过系统 I/O 信号清除报警； 2. 检查控制器主电路反馈信号线路； 3. 如果未解决问题，尝试更换接触器； 4. 如果仍未解决问题，请联系客服人员

续表 10.2

报警代码	故障原因	处理措施
8005	外部急停信号被触发，比如外部急停按钮被按下	1. 消除外部急停信号被触发的原因，比如旋开外部急停按钮； 2. 按下清除按键或者通过系统 I/O 信号清除报警
8006	外部安全防护信号被触发，比如安全防护门被打开	1. 消除外部安全防护信号被触发的原因，比如关好安全防护门； 2. 按下清除按键或者通过系统 I/O 信号清除报警
8007	操作者安全确认信号未确认，比如安全确认按扭未按下	1. 发出操作者安全确认信号，比如按下安全确认按钮； 2. 按下清除按键或者通过系统 I/O 信号清除报警
8009	伺服通信卡和PLC_INT 之间的连线松动	1. 确认伺服通信卡和 PLC_INT 之间连接牢固可靠； 2. 按下清除按键或者通过系统 I/O 信号清除报警； 3. 若此现象未消除，请联系客服人员
8010	手动松抱闸被使能	1. 检查手动松抱闸使能开关是否被按下； 2. 按下清除按键或者通过系统 I/O 信号清除报警； 3. 若此现象未消除，请联系客服人员
8011	驱动器故障	1. 重启，观察告警是否消除； 2. 按下清除按键或者通过系统 I/O 信号清除报警； 3. 若此现象未消除，请联系客服人员

注：详细报警代码查询请参考配天机器人《AIR 系列工业机器人系统故障及处理手册》

10.2 信号诊断

信号诊断用于和外部设备进行信号交互时，确认信号是否输入或强制输出信号，便于设备调试工作。

10.2.1 用户输出监控

根据执行的输出命令，确认输出信号的状态，状态监控详见表 10.3。

※ 信号诊断

表 10.3　通用输出状态设定

序号	图片示例	操作步骤
1	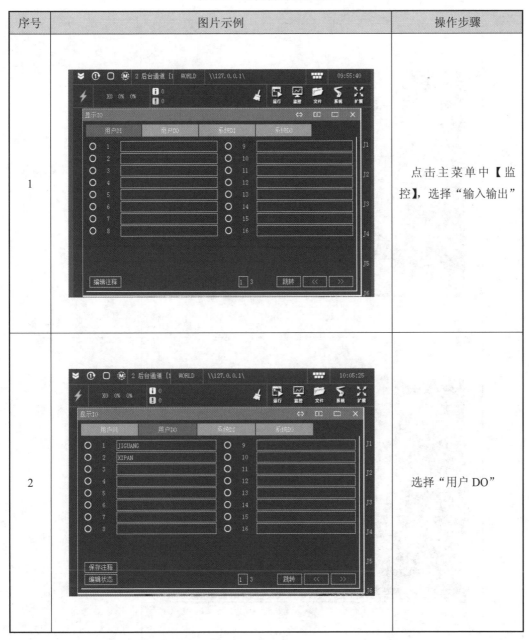	点击主菜单中【监控】，选择"输入输出"
2		选择"用户 DO"

10.2.2　用户输入监控

在程序输入命令里，确认输入信号的状态，具体监控详见表 10.4。

表 10.4　通用输入信号监控

序号	图片示例	操作步骤
1	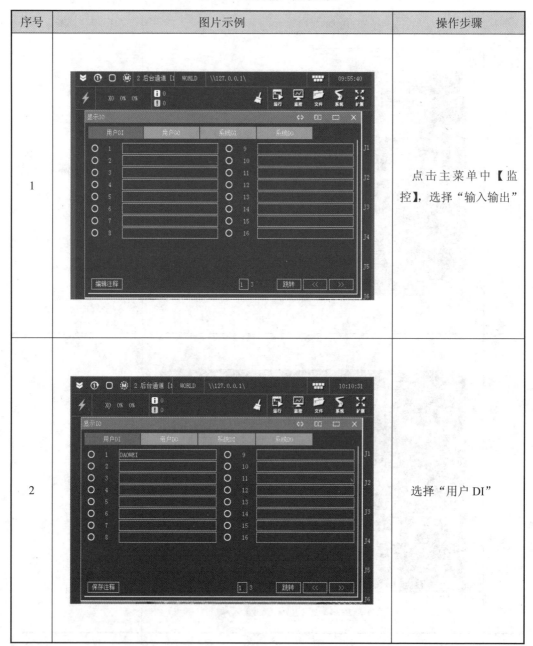	点击主菜单中【监控】，选择"输入输出"
2		选择"用户 DI"

10.2.3　输出状态变更

在程序编写中有时需要对输出信号进行强制变更以便于调试，变更操作详见表 10.5。

表 10.5　通用输出状态变更

序号	图片示例	操作步骤
1		选择"用户 DO"，点击【编辑状态】
2		选择需要修改的信号，并将光标移动到"○"后单击，再点击【保存状态】

10.3　零点标定

零点标定是将机器人机械零点位置与编码器位置进行确认，使控制器内部位置数据和编码器反馈的数据保持一致。

机器人零点位置是指机器人本体的各个轴同时处于机械零点时的姿态，而机械零点一般是指机器人各关节角度处于 0° 时的状态，配天机器人的 J3 轴标定后为 90°，其余轴为 0°。

※ 零点标定

配天机器人零点位置数据出厂时已设置，在正常情况下无需进行零点标定。但遇到以下情形时，需要重新标定零点位置。

（1）有过电机更换或者皮带轮拆卸等维修。

（2）更换了编码器电池、控制器或控制系统（如工控机）。

（3）电机的编码器线松动或者重新安装过。

（4）操作机出现过强烈的碰撞。

10.3.1　认识零点位置

在示教器上进行校准操作之前，先确认 AIR6 机器人 6 个关节都处于零点标记位置（J1 轴～J6 轴对应位置），如图 10.2 所示。

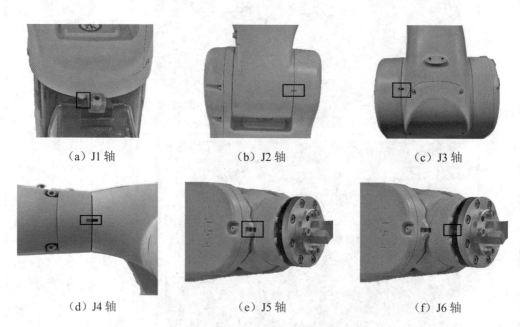

（a）J1 轴　　　　　　　（b）J2 轴　　　　　　　（c）J3 轴

（d）J4 轴　　　　　　　（e）J5 轴　　　　　　　（f）J6 轴

图 10.2　AIR6 机器人各关节零点标记

AIR6 机器人的零点位置姿态如图 10.3 所示。

注：机器人机型不同，零点位置的姿态也不同，详情请参考相应机型的"机器人使用说明书"。

10.3.2　零点位置校准方法

配天机器人的零点位置校准有 2 种操作方法：全轴进行原点校准方法和单轴进行原点校准方法。

1．全轴进行零点校准方法

全轴进行零点校准是在更换机器人和控制器的组合时，所有轴同时登录零点

图 10.3　AIR6 机器人零点位置姿态

位置进行校准。全轴登录校准方法的具体操作步骤见表 10.6。

表 10.6　全轴校准方法

序号	图片示例	操作步骤
1	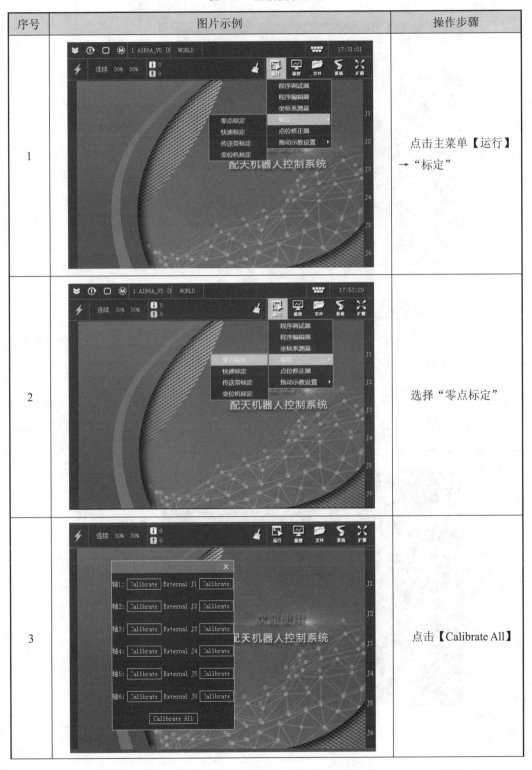	点击主菜单【运行】 →"标定"
2		选择"零点标定"
3		点击【Calibrate All】

续表 10.6

序号	图片示例	操作步骤
4	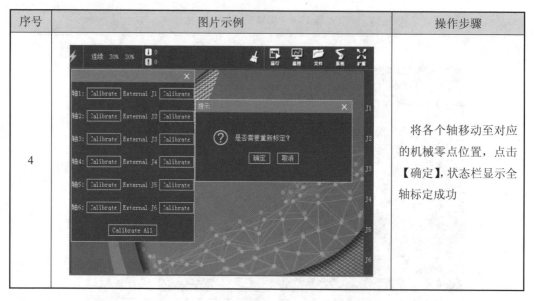	将各个轴移动至对应的机械零点位置，点击【确定】，状态栏显示全轴标定成功

2. 单轴进行零点校准方法

单轴进行零点校准是在更换伺服电机或者编码器时，某个轴单独登录零点位置进行校准。单轴校准方法见表 10.7。

表 10.7　单轴校准

序号	图片示例	操作步骤
1	配天机器人控制系统	点击主菜单【运行】→"标定"

续表 10.7

序号	图片示例	操作步骤
2	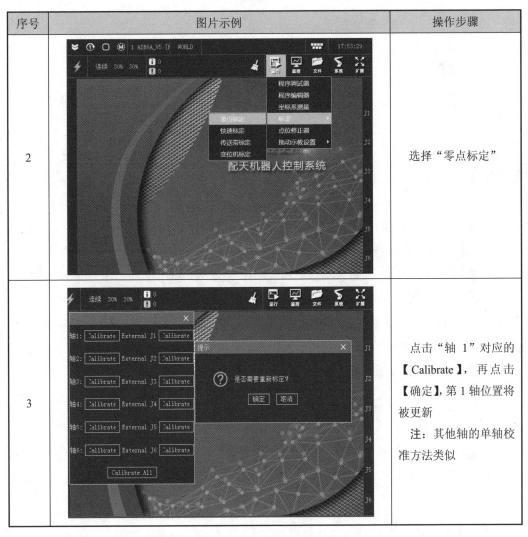	选择"零点标定"
3		点击"轴 1"对应的【Calibrate】，再点击【确定】，第 1 轴位置将被更新 注：其他轴的单轴校准方法类似

思考题

1. 机器人无法通电有哪几种原因？

2. 信号监控的作用是什么？

3. 哪些情况需要零点标定，请简述校准方法。

参考文献

[1] 张明文. 工业机器人技术基础及应用[M]. 哈尔滨：哈尔滨工业大学出版社，2017.

[2] 张明文. 工业机器人技术人才培养方案[M]. 哈尔滨：哈尔滨工业大学出版社，2017.

[3] 张明文. 工业机器人入门实用教程（ABB 机器人）[M]. 2 版. 哈尔滨：哈尔滨工业大学出版社，2018.

[4] 张明文. 工业机器人知识要点解析（ABB 机器人）[M]. 哈尔滨：哈尔滨工业大学出版社，2017.

[5] 张明文. 工业机器人入门实用教程（FANUC 机器人）[M]. 哈尔滨：哈尔滨工业大学出版社，2017.

[6] 董春利. 机器人应用技术[M]. 北京：机械工业出版社，2014.

[7] 兰虎. 工业机器人技术及应用[M]. 北京：机械工业出版社，2014.

先进制造业互动教学平台
——海渡学院APP

40+专业教材　70+知识产权
4500+配套视频

一键下载　收入口袋

源自哈尔滨工业大学　行业最专业知识结构模型

先进制造业应用型人才培养
丛书书目

ISBN
978-7-5603-6654-8

ISBN
978-7-111-60142-5

ISBN
978-7-5603-6626-5

ISBN
978-7-5680-3262-9

ISBN
978-7-5603-6655-5

ISBN
978-7-5603-7528-1

ISBN
978-7-5603-6967-9

ISBN
978-7-5603-7534-2

ISBN
978-7-115-52029-6

ISBN
978-7-1223-3551-7

ISBN
978-7-5603-8459-7

ISBN
978-7-5603-7023-1

ISBN
978-7-5680-3509-5

ISBN
978-7-5680-4306-9

ISBN
978-7-5680-3263-6

ISBN
978-7-115-51864-4

ISBN
978-7-5603-6832-0

ISBN
978-7-5603-52327-3

ISBN
978-7-115-52327-3

ISBN
978-7-5603-7317-1

ISBN
978-7-115-53326-5

步骤一

登录"工业机器人教育网"

www.irobot-edu.com，菜单栏单击【学院】

步骤二

单击菜单栏【在线学堂】找到您需要的课程

步骤三

课程内视频下方单击【课件下载】

教学课件下载步骤

咨询与反馈

尊敬的读者：

感谢您选用我们的教材！

本书有丰富的配套教学资源，凡使用本书作为教材的教师可咨询有关实训装备事宜。在使用过程中，如有任何疑问或建议，可通过邮件（edubot@hitrobotgroup.com）或扫描右侧二维码，在线提交咨询信息，反馈建议或索取数字资源。

全国服务热线：400-6688-955

（教学资源建议反馈表）